现代农业绿色生产实用技术

刘明云　宋元瑞　宋芸　主编

中国农业科学技术出版社

图书在版编目（CIP）数据

现代农业绿色生产实用技术 / 刘明云，宋元瑞，宋芸主编. —北京：中国农业科学技术出版社，2020. 6

ISBN 978-7-5116-4704-7

Ⅰ. ①现… Ⅱ. ①刘… ②宋… ③宋… Ⅲ. ①现代农业—农业生产—无污染技术 Ⅳ. ①F304

中国版本图书馆 CIP 数据核字（2020）第 066696 号

责任编辑　徐　毅
责任校对　马广洋

出 版 者　中国农业科学技术出版社
　　　　　北京市中关村南大街12号　　邮编：100081
电　　话　（010）82109708（编辑室）（010）82109702（发行部）
　　　　　（010）82109709（读者服务部）
传　　真　（010）82106631
网　　址　http:// www.castp.cn
经 销 者　各地新华书店
印 刷 者　北京建宏印刷有限公司
开　　本　850mm×1 168mm　1/32
印　　张　5.75
字　　数　145千字
版　　次　2020年6月第1版　2020年10月第2次印刷
定　　价　32.00元

《现代农业绿色生产实用技术》

编 委 会

前　言

　　加快现代农业发展是实现乡村振兴的首要举措。要加快农业发展，就必须加快农业科技进步。习近平指出："要给农业插上科技的翅膀。"近年来生态文明的理念深入人心，生态文明建设有序推进，"绿色发展"更是成为"十三五"五大发展理念之一。要保证老百姓不仅吃得饱、吃得好还要身体健康，势必要发展绿色科技培育无公害农产品。为此农业技术推广必须紧紧围绕绿色生态发展来进行。因此，农业农村部提出"双减"行动，即提出"双减"的目标，"双减"就是减少化学农药使用，减少化肥使用。

　　为支持农业绿色发展，相应农业农村部"双减"行动，指导广大农业科技工作者在当地农业生产中因地制宜地推广绿色高效新技术和新的生产方式，引导农民选用先进、适用技术和优良品种，提高农民科学种田水平，提升农业科技对产业发展的支撑作用。笔者在主推农业技术基础上，结合农业生产水平，总结农技推广和群众生产经验，精心编写了这本现代农业绿色高效新技术读本。这是一本融理论性和实践性于一体的农业技术，通俗易懂，可操作性强，以期对推动农业种植结构调整，农业高质量发展，助力乡村产业振兴起到积极作用。

　　在编写过程中，由于编者水平有限，对最前沿技术和新知识了解掌握不够全面，不当之处，在所难免，欢迎批评指正。

编　者

2019年12月

目 录

上篇 总论

第一章 优质高产新品种介绍 ··········· 3

一、小麦生产主推品种 ··········· 3

二、玉米生产主推品种 ··········· 4

三、棉花生产主推品种 ··········· 5

四、水稻生产主推品种 ··········· 6

五、大豆生产主推品种 ··········· 7

第二章 绿色防控技术 ··········· 8

一、小麦绿色防控 ··········· 8

二、玉米绿色防控 ··········· 16

三、棉花绿色防控 ··········· 21

第三章 土肥知识及水肥一体化技术 ··········· 30

一、土壤肥料知识 ··········· 30

二、水肥一体化技术 ··········· 36

第四章 绿色环保主推技术 ··········· 42

一、秸秆绿色环保应用技术 ··········· 42

二、地膜环保应用技术 ··········· 44

第五章　绿色能源主推技术 …………………………………… 52

　　一、户用沼气安全生产注意事项 ………………………… 52

　　二、秸秆综合利用技术 …………………………………… 53

　　三、生态循环农业技术模式 ……………………………… 61

　　四、国内30种休闲农业模式 ……………………………… 63

下篇　分论

第六章　小麦绿色高效生产技术 ……………………………… 71

　　一、小麦宽幅精播技术 …………………………………… 71

　　二、小麦规范化播种技术 ………………………………… 72

　　三、小麦氮肥后移技术 …………………………………… 73

　　四、小麦播后镇压技术 …………………………………… 74

　　五、小麦水肥一体化技术 ………………………………… 75

　　六、小麦深松施肥播种镇压一体化种植技术 …………… 75

　　七、小麦一次性施肥技术 ………………………………… 77

　　八、小麦浇越冬水技术 …………………………………… 77

　　九、小麦高低畦生产技术 ………………………………… 78

第七章　玉米绿色高效生产技术 ……………………………… 80

　　一、玉米"一增四改"技术 ……………………………… 80

　　二、玉米适期晚收技术 …………………………………… 81

　　三、玉米单粒播种技术 …………………………………… 82

　　四、玉米秸秆还田技术 …………………………………… 83

第八章　棉花绿色高效生产技术 ……………………………… 85

　　一、棉花分级标准 ………………………………………… 85

二、棉花轻简化栽培技术 ……………………… 85

三、良好棉花生产技术 ……………………… 89

四、机采棉花栽培管理技术 ……………………… 103

第九章　蔬菜绿色高效生产技术 ……………………… 106

一、蔬菜的茬口安排 ……………………… 106

二、蔬菜育苗技术 ……………………… 109

三、露地蔬菜 ……………………… 115

四、设施蔬菜 ……………………… 119

五、设施蔬菜熊蜂授粉技术 ……………………… 128

六、蔬菜无土栽培技术 ……………………… 130

七、组装式日光温室建造技术 ……………………… 131

第十章　冬枣绿色高效生产技术 ……………………… 135

一、冬枣萌动期管理 ……………………… 135

二、冬枣萌芽期管理 ……………………… 136

三、冬枣抽枝展叶期管理 ……………………… 137

四、冬枣花果期管理 ……………………… 138

五、冬枣果实膨大期管理 ……………………… 141

六、冬枣白熟期管理 ……………………… 142

七、冬枣果实着色采收期管理 ……………………… 143

八、冬枣休眠期管理 ……………………… 143

第十一章　中药材绿色高效生产技术 ……………………… 145

一、桔梗高效优质制种及配套栽培技术 ……………………… 145

二、牡丹栽培技术 ……………………… 147

三、金银花栽培管理要点 ……………………… 149

四、薄荷种植技术与栽培管理 ……………………… 150

五、丹参种植技术与栽培管理 ……………………… 153

第十二章　食用菌绿色高效生产技术……………………… 157

　　一、香菇　………………………………………………… 157

　　二、草菇　………………………………………………… 158

　　三、双孢菇　……………………………………………… 160

　　四、黑平菇　……………………………………………… 161

　　五、虫草　………………………………………………… 168

　　六、平菇　………………………………………………… 170

　　七、鸡腿菇　……………………………………………… 171

参考文献……………………………………………………… 174

上 篇

总 论

第一章　优质高产新品种介绍

一、小麦生产主推品种

滨州市位于山东省北部鲁北平原，地处黄河三角洲腹地，常年小麦播种面积为430万亩（1亩≈667平方米，全书同）左右，约占全国种植面积的0.8%，是山东省重要的小麦产区。根据农业农村部颁布的中国小麦品质区划方案，滨州属于"黄淮北部强筋、中筋麦区"，气候和土壤等条件适于发展中筋、强筋小麦。近年来推广面积较大的品种有济麦22、鲁原502、济南17、师栾02-1、泰农18等，其中，济南17、师栾02-1属于强筋小麦，其面粉适宜生产面包，济麦22、鲁原502、泰农18等属于中筋品种，主要用于生产馒头、面条等食品。

（1）济麦22号。属中晚熟品种，幼苗半匍匐，分蘖力中等，起身拔节偏晚，成穗率高。株高72厘米左右，株型紧凑，旗叶深绿、上举，长相清秀，穗层整齐。茎秆弹性好，较抗倒伏。有早衰现象，熟相一般。适宜播期10月上旬，播种量不宜过大，每亩适宜基本苗10万~15万苗。

（2）鲁原502。属中晚熟品种，幼苗半匍匐，长势壮，分蘖力强。亩成穗数中等，对肥力敏感，高肥水地亩成穗数多，肥力降低，亩成穗数下降明显。株高76厘米，株型偏散，旗叶宽大，上冲。茎秆粗壮、蜡质较多，抗倒性较好。适宜播种期10月上旬，每

· 3 ·

亩适宜基本苗13万~18万苗。

（3）师栾02-1。属中熟品种，幼苗匍匐，分蘖力强，成穗率高。株高72厘米左右，株型紧凑，叶色浅绿，叶小上举，穗层整齐。春季抗寒性一般，旗叶干尖重，后期早衰。茎秆有蜡质，弹性好，抗倒伏。适宜播期10月上中旬，每亩适宜基本苗10万~15万苗。

（4）泰农18。属半冬性品种，幼苗半直立。株高73.7厘米，叶片上举，抗倒性较好，熟相一般。适宜播期10月1—10日，适宜播量每亩基本苗15万~18万。

（5）济南17号。属冬性品种，幼苗半匍匐，分蘖力强，成穗率高，叶片上冲，株型紧凑，株高77厘米。较抗倒伏，中感条、叶锈病和白粉病。品质优良，达到了国家面包小麦标准。落黄性一般。最佳播期10月1—15日，播量5~7.5千克/亩。

二、玉米生产主推品种

玉米是滨州面积最大的粮食作物，按用途可分为普通玉米、青贮玉米、糯玉米、甜玉米、爆裂玉米等，滨州常年玉米种植面积400万亩左右，在生态区上属黄淮海夏玉米类型区、黄淮海鲜食甜玉米、鲜食糯玉米类型区。近年来推广面积较大的品种有郑单958、登海605、浚单20、伟科702、先玉335等，除此之外，有零星糯玉米、甜玉米种植，近年来随玉米种植调整，青贮玉米面积有所增加。

（1）郑单958。夏播生育期96天左右，幼苗叶鞘紫色，生长势一般，株型紧凑，株高246厘米左右，穗位高110厘米左右，结实性好、秃尖轻。籽粒黄色，半马齿型。抗大斑病、小斑病和黑粉病，高抗矮花叶病（0级），感茎腐病（25%）。抗倒伏，较耐旱。5月下旬麦垄点种或6月上旬麦收后足墒直播，密度3 500株/亩，中上等水肥地4 000株/亩，高水肥地4 500株/亩为宜。

（2）登海605。在黄淮海地区出苗至成熟101天，株型紧凑，株高259厘米，高抗茎腐病，中抗玉米螟，感大斑病、小斑病、矮花叶病和弯孢菌叶斑病，高感瘤黑粉病、褐斑病和南方锈病。在中等肥力以上地块栽培，每亩适宜密度4 000~4 500株。

（3）浚单20。出苗至成熟97天，株型紧凑、清秀，株高242厘米，籽粒黄色，半马齿型。感大斑病，抗小斑病，感黑粉病，中抗茎腐病，高抗矮花叶病，中抗弯孢菌叶斑病，抗玉米螟。适宜密度每亩4 000~4 500株。

（4）伟科702。在黄淮海夏播区出苗至成熟100天，株型紧凑，保绿性好，株高252~272厘米，籽粒黄色、半马齿型。中抗大斑病、南方锈病，感小斑病和茎腐病，高感弯孢叶斑病和玉米螟。中等肥力以上地块栽培，亩密度4 000株左右，一般不超过4 500株。

（5）先玉335。在东华北地区出苗至成熟127天，株型紧凑，株高320厘米，籽粒黄色、半马齿型。高抗瘤黑粉病，抗灰斑病、纹枯病和玉米螟，感大斑病、弯孢菌叶斑病和丝黑穗病。每亩适宜密度3 500~4 500株。

三、棉花生产主推品种

在棉花生态区划上滨州属黄河流域棉区，市内地势平坦、开阔，年平均降水量600毫米左右，无霜期长，适宜棉花生长，是棉花生产大市，棉花种植面积最大年份近300万亩，近来受棉花整体产业影响，面积大幅减少，2017年棉花面积仅为60余万亩。近年来推广面积较大的品种有鲁棉研28、鲁棉研36、鲁棉研37、国欣棉3号、鑫秋1号等。

（1）鲁棉研28号。属中早熟品种，出苗一般，前期生长势一般，中后期长势较好，叶片中等大小。生育期133天，株高103厘米，抗枯萎病，耐黄萎病，高抗棉铃虫。适宜密度为每亩3 000株左右。

（2）鲁棉研37号。属中早熟品种，出苗较好，前中期长势稳健，后期长势旺，叶较大，叶色深绿。生育期129天，株高108厘米。高抗枯萎病，耐黄萎病，高抗棉铃虫。适宜密度为每亩3 000～3 500株。

（3）国欣棉3号。属中早熟品种，出苗早、苗壮，前期长势一般，中期长势强，整齐度好，后期叶功能好，生育期125天，成铃吐絮集中，吐絮肥畅，株形松散，株高98厘米，茎秆稍软。耐枯萎病，抗黄萎病，抗棉铃虫。4月中下旬播种，适期早播，中等肥力地块每亩留苗3 000株。

（4）鲁棉研36号。属中早熟品种，出苗好，长势旺而稳健，叶片中等大小。生育期123天，株高108厘米。抗枯萎病，感黄萎病，高抗棉铃虫。适宜密度为每亩3 000～3 500株。

（5）鑫秋1号。属中早熟品种。出苗一般，全生育期长势稳健，叶片中等大小，叶色深绿。生育期132天，株高110厘米。耐枯萎病，耐黄萎病，高抗棉铃虫。适宜密度为每亩3 000～3 500株。

四、水稻生产主推品种

滨州水稻种植面积较小，仅高新区及北海新区等地有少量种植，常年种植面积在1万亩以下。近年来主推品种有盐丰47、圣稻19等品种。

（1）盐丰47。属中早熟品种。全生育期143天，亩有效穗25.3万，株高89.2厘米。中抗穗颈瘟和白叶枯病。适宜密度为每亩基本苗40 000～60 000株，亩栽1.2万～1.6万穴。

（2）圣稻19。属中早熟品种。全生育期147天，亩有效穗25.6万，株高81.6厘米。中抗稻瘟病。一般5月中旬育秧，6月中旬插秧，适宜密度每亩1.8万～2万穴。

五、大豆生产主推品种

大豆是五大主要农作物之一，但近年来滨州种植面积很少，基本保持在3万亩以下，主要品种有齐黄34、菏豆12号、菏豆14号等品种。

（1）齐黄34号。属中熟夏大豆品种，生育期103天，株高72.9厘米，籽粒椭圆形，种皮黄色，无光泽，种脐黑色。适宜密度为每亩1.2万～1.4万株。

（2）菏豆12号。属中晚熟夏大豆品种，生育期101天，株高92厘米左右籽粒椭圆形、黄皮、褐脐。6月上中旬播种，适宜密度为每亩1.2万～1.5万株。

（3）菏豆14号。属中晚熟大豆品种，生育期105天，株高89.7厘米，籽粒椭圆型，种皮黄色，脐褐色。适宜密度1.5万株/亩。

第二章 绿色防控技术

一、小麦绿色防控

1. 麦田常见杂草

播娘蒿：别称麦蒿，1年生草本。茎直立，高70~80厘米；有叉状毛或无毛，毛多生于下部茎叶生，向上渐少，下部常呈淡黄色。叶为三回羽状深裂，长2~15厘米，顶裂片长2~10毫米，宽1~2毫米；下部叶有柄，上部叶无柄。总状花序伞房状，在果期伸长；萼片直立，早落，背面有分叉细绒毛；花瓣黄色，长圆状倒卵形，长2~3毫米，或稍短于萼片，有爪；雄蕊6，较花瓣长1/3长角果椭圆筒状，长2~3厘米，宽约1毫米，无毛，果瓣中脉明显；果梗长1~2厘米，种子每室1行，长圆形，稍扁，淡红褐色，表面有细网纹。

荠菜：1年生或2年生草本，茎直立，单生或从下部分枝，有单毛或叉状毛；基生叶莲座状，大头羽裂，茎生叶基部抱茎；花白色；短角果，倒三角形。

碱蓬：1年生草本，茎直立，浅绿色；叶肉质丝状圆柱形；花序着生叶片基部，总花梗与叶柄合生成短枝装，形似花生叶柄上；花被片果期五角星状。生盐碱地。

马齿苋：1年生草本，全株无毛。茎平卧或斜倚，伏地铺散，多分枝。茎紫红色，叶互生，有时近对生，叶片扁平，肥厚，倒卵形，似马齿状，顶端圆钝或平截，有时微凹，基部楔形，全缘，上面暗绿色，下面淡绿色或带暗红色，中脉微隆起；叶柄粗短。花无梗，常3～5朵簇生枝端，花瓣5，稀4。蒴果卵球形，长约5毫米，盖裂；种子细小，多数偏斜球形，黑褐色，有光泽。

麦瓶草：1年生草本，茎直立，单生或叉装分枝；基生叶匙形略肉质，萼齿裂，花柱3；蒴果及子房基部3～5室。

盐芥：十字花科盐芥属植物物种。生长于农田区的盐渍化土壤上而得名。1年生草本，叶片卵形或长圆形，全缘或具不明显、不整齐小齿；花序花时伞房状，花瓣白色，长圆状倒卵形，长角果线状，种子黄色，椭圆形。

田旋花：多年生草本，近无毛。根状茎横走。茎平卧或缠绕，有棱。花1～3朵腋生；花梗细弱；苞片线性，与萼远离；萼片倒卵状圆形，无毛或被疏毛；缘膜质；花冠漏斗形，粉红色、白色，长约2厘米，外面有柔毛，褶上无毛，有不明显的5浅裂；雄蕊的花丝基部肿大，有小鳞毛；子房2室，有毛，柱头2，狭长。蒴果球形或圆锥状，无毛；种子椭圆形，无毛。

雀麦：1年生，秆直立，丛生。叶鞘紧贴秆上，叶舌透明。圆锥花序开展，下垂，每节有3～7分枝，小穗含小花7～14，有芒。颖果压扁。

牛筋草：1年生草本。根系极发达。秆丛生，基部倾斜。叶鞘两侧压扁而具脊，松弛，无毛或疏生疣毛；叶舌长约1毫米；叶片平展，线形，无毛或上面被疣基柔毛。穗状花序2～7个指状着生于秆顶，很少单生；小穗长4～7毫米，宽2～3毫米，含3～6小花；颖披针形，具脊，脊粗糙。囊果卵形，基部下凹，具明显的波状皱纹。

节节麦：禾本科，1年生草本植物。秆高可达40厘米。叶鞘紧密包茎，叶片微粗糙，上面疏生柔毛。穗状花序圆柱形，小穗圆柱形，有小花；颖革质，外稃披针形，内稃与外稃等长，脊上具纤毛。

猪殃殃：多枝、蔓生或攀缘状草本，通常高30～90厘米；茎有4棱角；棱上、叶缘、叶脉上均有倒生的小刺毛。叶纸质或近膜质，6～8片轮生，稀为4～5片，带状倒披针形或长圆状倒披针形，长1～5.5厘米，宽1～7毫米，顶端有针状凸尖头，基部渐狭，两面常有紧贴的刺状毛，常萎软状，干时常蜷缩，1脉，近无柄。聚伞花序腋生或顶生，少至多花，花小，4数，有纤细的花梗。

2. 小麦主要病害

纹枯病：小麦各生育期均可受害，造成烂芽、病苗枯死、花秆烂茎、枯株白穗等症状。病苗枯死，发生在3～4叶期，初仅第一叶鞘上现中间灰色，四周褐色的病斑，后因抽不出新叶而致病苗枯死；花秆烂茎，拔节后在基部叶鞘上形成中间灰色，边缘浅褐色的云纹状病斑，病斑融合后，茎基部呈云纹花秆状；枯株白穗，病斑侵入茎壁后，形成中间灰褐色，四周褐色的近圆形或椭圆形眼斑，造成茎壁失水坏死，最后病株因养分、水分供不应求而枯死，形成枯株白穗。此外，有时该病还可形成病侵交界不明显的褐色病斑。

白粉病：该病可侵害小麦植株地上部各器官，但以叶片和叶鞘为主，发病重时颖壳和芒也可受害。该病发生时，叶面出现1～2毫米的白色霉点，后逐渐扩大为近圆形至椭圆形白色霉斑，霉斑表面有一层白粉，遇有外力或振动立即飞散。这些粉状物就是该菌的菌丝体和分生孢子。后期病部霉层变为灰白色至浅褐色，病斑上散生有针头大小的小黑粒点，即病原菌的闭囊壳。

赤霉病：在小麦开花至乳熟期，小穗颖片出现水渍状淡褐色斑点，进而扩展到全穗。气候潮湿时，感病小穗的基部出现粉红色胶黏霉层，后期产生煤屑状黑色颗粒。红色霉层是病菌的分生孢子座和分生孢子，黑色颗粒是病菌的子囊壳。

全蚀病：苗期和成株期均可发病，以近成熟时病株症状最为明显。幼苗期病原菌主要侵染种子根、茎基部，使之变黑腐烂，部分次生根也受害。病苗基部叶片黄化，心叶内卷，分蘖减少，生长衰弱，严重时死亡；病苗返青推迟，矮小稀疏，根部变黑；拔节后茎基部1～2节叶鞘内侧和茎秆表面在潮湿条件下形成肉眼可见的黑褐色菌丝层，称为"黑脚"。

根腐病：种子、幼芽、幼苗、成株根系、叶片、茎和穗都可受害，出现症状复杂多样。幼芽和幼苗的种子根变褐色，幼芽腐烂不能出土。出土幼苗近地面叶上散生圆形褐色病斑，严重时，病叶变黄枯死。芽鞘上生褐色条斑。成株根上的毛根和主根表皮脱落，根冠变褐色。茎基部出现褐色条斑，严重时，茎折断枯死。

叶上初生许多黑色小点，后扩大呈梭形，中部枯黄色，周围有褪绿晕圈。病斑两面出现黑色霉层，即病原菌的分生孢子梗和分生孢子。叶上病斑相连时，叶片枯死。穗部的颖壳基部变褐色，表面密生黑色霉层，穗轴和小穗轴常变褐色腐烂，小穗不实或种子不饱满。种子胚局部或全部变褐色形成"黑胚粒"。种子表面也生梭形或不规则形褐斑。

锈病：小麦锈病有3种：小麦条锈病、小麦秆锈病、小麦叶锈病。3种锈病的区别可用"条锈成行叶锈乱，秆锈是个大红斑"来概括。

小麦条锈病：主要为害叶片，叶鞘、茎秆和穗部也可受害。苗期发病，幼苗叶片上产生多层轮状排列的鲜黄色夏孢子堆。成株期发病，叶片表面初期出现褪绿斑点，之后长出夏孢子堆，夏孢子堆为小长条形，鲜黄色，椭圆形，与叶脉平行，且排列成行，呈虚线状；小麦近成熟时，叶鞘上出现圆形至卵圆形的夏孢子堆。夏孢子堆破裂散出鲜黄色的夏孢子。

小麦秆锈病：主要为害叶鞘和茎秆，也可为害叶片和穗部。夏孢子堆大，长椭圆形，深褐色或黄褐色，排列不规则，散生，常连成大斑，成熟后表皮大片开裂且外翻成唇形，散出大量锈褐色粉状物。

小麦叶锈病：病灶主要发生在叶片上，也能侵害叶鞘和茎秆。夏孢子堆圆形至长椭圆形，橘红色，比秆锈病菌夏孢子堆小，比条锈病菌夏孢子堆大，呈不规则散生，在初生夏孢子堆周围有时产生数个次生的夏孢子堆，多发生在叶片正面，少数可穿透叶片，在叶片正反两面同时形成夏孢子堆。夏孢子堆表皮开裂后，散出橘黄色的夏孢子。

3. 小麦主要虫害

蚜虫：麦蚜俗称蜜虫、腻虫，属同翅目，蚜科。常见的麦蚜有麦长管蚜、麦二叉蚜及禾谷缢管蚜，常混合发生。麦蚜以成虫和若虫刺吸小麦茎、叶和嫩穗的汁液。小麦苗期受害，轻者叶色发黄、生长停滞、分蘖减少，重者麦株枯萎死亡。穗期受害，麦粒不饱满，严重时，麦穗干枯不结实，甚至全株死亡。此外，麦长管蚜和二叉蚜是黄矮病毒病的传病媒介，二叉蚜的传毒力最强。麦蚜除为害麦类外，还可为害玉米、高粱等作物。野生寄主有看麦娘、雀麦、马唐等。

吸浆虫：以幼虫潜伏在颖壳内吸食正在灌浆的麦粒汁液，造成秕粒、空壳。小麦吸浆虫以幼虫为害花器、籽实和或麦粒，是一种毁灭性害虫。我国的小麦吸浆虫主要有两种，即红吸浆虫和黄吸浆虫。

麦蜘蛛：麦蜘蛛在小麦苗期吸食叶汁液。被害叶上初现许多细小白斑，以后麦叶变黄。麦株受害后轻者影响生长，植株矮小，产量降低，重者全株干枯死亡。为害小麦的麦蜘蛛主要由麦圆蜘蛛与麦长腿蜘蛛两种。麦圆蜘蛛为害盛期在小麦拔节阶段，小麦受害后如及时浇水追肥，可显著减轻受害程度。麦长腿蜘蛛为害盛期在小麦孕穗至抽穗期，大发生时可造成严重减产。

地下害虫：地下害虫主要有蛴螬、蝼蛄、金针虫等3种。不同地块地下害虫种类和害虫数量不同，为害症状、为害程度及造成的损失也不同。蝼蛄以成虫或若虫咬食发芽种子和咬断幼根嫩茎，或咬成乱麻状使苗枯死，并在土表穿行活动成隧道，使根土分离而使植株枯死；蛴螬幼虫为害麦苗地下分蘗节处，咬断根茎使苗枯死；金针虫以幼虫咬食发芽种子和根茎，可钻入种子或根茎相交处，被害处为不整齐乱麻状，形成枯心苗以致全株枯死。

4. 小麦病虫草害综合防治技术意见

预防为主，综合运用农业、生物及科学施药技术，大力开展病虫专业化统防统治，精准施药，提高农药利用率，实现农药减量控害。

（1）着力加强病虫监测预警。在做好系统调查的基础上，进一步强化大田普查力度，全面、准确、及时地掌握病虫发生动态，适时会商分析，及时发布预警预报。同时，要加大病虫信息上传下达力度，确保病虫信息畅通。通过电视、网络等多媒体手段，扩大信息覆盖面，指导农民适时防治。

（2）大力推广综合防治技术。

①加强健身栽培：结合春季麦田管理，把栽培措施与控制病虫草害有机地结合起来，适期划锄、追肥和浇水等丰产健身栽培技术，改善墒情，提高作物对病害的抗逆力，促苗早发，尤其是浇水振落可显著减轻麦蜘蛛发生为害。

②适时开展化学除草：冬前未开展除草的地块，要抓住小麦返青至拔节前这一防治适期，根据杂草优势种类科学选药，及时开展化学除草，拔节后不宜进行化学除草，以免对作物产生药害。对以

双子叶杂草为主的麦田，可亩用75%苯磺隆水分散粒剂1克，或用6%双氟·唑草酮可湿性粉剂11～15克，或用20%氯氟吡氧乙酸乳油50～60毫升，对水喷雾防治；对以禾本科等单子叶杂草为主的麦田，70%氟唑磺隆水分散粒剂3～5克，对水喷雾防治。双子叶和单子叶杂草混合发生的麦田可用以上药剂混合使用。小麦与棉花或花生间作套种的麦田化学除草不得使用苯氧羧酸类药剂，以防对棉花等双子叶作物造成药害。

③推广1次施药兼治多种病虫技术：小麦返青起身期是麦蜘蛛和地下害虫的为害盛期，也是纹枯病、全蚀病、根腐病等根病的侵染扩展高峰期。要以主要病虫为目标，选用有效杀虫剂与杀菌剂，1次施药兼治多种病虫，省工省时。

防治纹枯病、全蚀病等：可用25%戊唑醇可湿性粉剂每亩60～70克或5%井冈霉素水剂每亩150～200毫升，对水50～60千克麦茎基部喷雾防治。

防治地下害虫：可用40%辛硫磷乳油每亩200～250毫升或48%毒死蜱乳油每亩50～60毫升，对水50～60千克喷麦茎基部，或用5%毒死蜱或辛硫磷颗粒剂每亩1.5～2.0千克撒施后划锄浇水。

防治麦蜘蛛：可用2.5%高效氯氟氰菊酯微乳剂每亩40～50毫升，或用1.8%阿维菌素乳油3 000倍液，对水50～60千克喷雾防治。

当病虫混合发生时，可采用以上药剂混合，1次施药防治。

④大力推广"一喷三防"技术：穗期1次混合施药兼治多种防治对象，防病、防虫、防干热风，省工省时高效。防治白粉病、锈病，发病初期用25%戊唑醇可湿性粉剂每亩60～70克，或用20%三唑酮乳油每亩50～75毫升，对水喷雾。防治麦蚜，发生初盛期用10%吡虫啉可湿性粉剂每亩20克，或用50%抗蚜威水分散粒剂每亩15～20克，或用2.5%高效氯氟氰菊酯微乳剂每亩10毫升，对水喷雾，可兼治灰飞虱、麦红蜘蛛。防治小麦吸浆虫，抽穗期即成虫发

生盛期，每10复网次有成虫25头以上，或用两手扒开麦垄，一眼能看到2头以上成虫时，亩用2.5%高效氯氟氰菊酯水乳剂20~25克，对水喷雾。防早衰和干热风，可用0.2%~0.3%磷酸二氢钾或0.01%芸苔素内酯水剂每亩1 000~2 000倍液喷雾，也可用磷酸二氢钾和尿素每亩各250克混合喷雾。注意保护利用天敌控制麦蚜。当田间益害比达1:（80~100）或蚜茧蜂寄生率达30%以上时，可不施药利用天敌控制蚜害。若益害比失调，应选用对天敌杀害作用小的药剂，如吡虫啉、啶虫脒等药剂。

小麦扬花期，如连续降雨或潮湿多雾小麦赤霉病将严重发病。本着"早发现、早动员、早防治"的原则，大力做好小麦赤霉病的防控工作。小麦抽穗扬花期，若气象条件适宜，要主动出击，预防为主。可用25%戊唑醇可湿性粉剂每亩60~70克，或用25%氰烯菌酯悬浮剂每亩100~150毫升，或用50%甲基硫菌灵可湿性粉剂每亩75~100克，对水喷雾防治，若遇连阴雨天气，可间隔5~7天再喷1次，确保防治效果。

（3）大力推行专业化统防统治。专业化统防统治是实现有害生物防治社会化服务的重要形式，可以提高防治效果，降低防治成本，减少农药污染，是确保农产品质量安全、生产安全和生态环境安全的有效措施，也是适应公共植保、绿色植保、科学植保的需要。

小麦病虫草害发生阶段性明显，可使用的药械种类较多，适宜专业化统防统治。特别适用于大面积发生和暴发性流行性病虫草害的防治，如大规模的化学除草和穗期"一喷三防"以及条锈病等的防治。要大力推行全程承包模式开展专业化统防防治，充分发挥专业化防治组织作用，及时有效的组织防控。

二、玉米绿色防控

1. 玉米主要病害

（1）叶斑病。叶斑病主要包括玉米大斑病、玉米小斑病、玉米弯孢菌叶斑病等。

①玉米大斑病：主要为害叶片，严重时也为害叶鞘和苞叶。由植株下部叶片开始发病，向上扩展。病斑长梭形，灰褐色或黄褐色，长5~10厘米，宽1厘米左右，有的几个病斑链接成大型不规则形枯斑，严重时叶片枯焦。多雨潮湿天气，病斑上可密生灰黑色霉层。此外，还有一种发生在抗病品种上的病斑，沿叶脉扩展，表现为褐色坏死条纹，周围有黄色或淡褐色褪绿圈，不产生或极少产生孢子。

②玉米小斑病：从苗期到成熟期均可发生，主要为害叶片，也危害叶鞘和苞叶。病斑比大斑病小，数量多，椭圆形、圆形或长圆形，大小为（5~10）毫米×（3~4）毫米，初为水浸状，后为黄褐色或红褐色，边缘颜色较深，密集时常互相连接成片，形成较大形枯斑，多从植株下部叶片先发病，向上蔓延、扩展。叶片病斑形状，因品种抗性不同有3种类型：一是不规则椭圆形病斑，或受叶脉限制表现为近长方形，有较明显的紫褐色或深褐色边缘；二是椭圆形或纺锤形病斑，扩展不受叶脉限制，病斑较大，灰褐色或黄褐色，无明显深色边缘，病斑上有时出现轮纹。三是黄褐色坏死小斑点，基本不扩大，周围有明显的黄绿色晕圈，此为抗性病斑。

③弯孢菌叶斑病：主要为害叶片，也能侵染叶鞘和苞叶。病斑多在玉米9~13叶期开始出现，发生高峰期为玉米抽雄至灌浆期。叶片上出现水渍状褪绿斑点，后逐渐扩大成圆形或椭圆形，病斑大小一般为（1~2）毫米×2毫米。感病品种上病斑直径可达（4~5）毫米×（5~7）毫米以上，并且病斑常链接成片引起叶片

枯死。病斑中心枯白色，周围红褐色，感病品种外缘具褪绿色或淡黄色晕环。潮湿条件下，病斑正、反面均可产生灰黑色霉状物。

（2）褐斑病。褐斑病发生在玉米叶片、叶鞘及茎秆，先在顶部叶片的尖端发生，以叶和叶鞘交接处病斑最多，常密集成行，最初为黄褐或红褐色小斑点，病斑为圆形或椭圆形到线形，隆起附近的叶组织常呈红色，小病斑常汇集在一起，严重时，叶片上出现几段甚至全部布满病斑，在叶鞘上和叶脉上出现较大的褐色斑点，发病后期病斑表皮破裂，叶细胞组织呈坏死状，散出褐色粉末（病原菌的孢子囊），病叶局部散裂，叶脉和维管束残存如丝状。茎上病多发生于节的附近。

（3）纹枯病。纹枯病主要为害叶鞘，也可为害茎秆，严重时，引起果穗受害。发病初期多在基部1～2茎节叶鞘上产生暗绿色水渍状病斑，后扩展融合成不规则形或云纹状大病斑。病斑中部灰褐色，边缘深褐色，由下向上蔓延扩展。穗苞叶染病也产生同样的云纹状斑。果穗染病后秃顶，籽粒细扁或变褐腐烂。严重时根茎基部组织变为灰白色，次生根黄褐色或腐烂。多雨、高湿持续时间长时，病部长出稠密的白色菌丝体，菌丝进一步聚集成多个菌丝团，形成小菌核。

（4）顶腐病。该病可细分为镰刀菌顶腐病、细菌性顶腐病两种情况。

①镰刀菌顶腐病：在玉米苗期至成株期均表现症状，心叶从叶基部腐烂干枯，紧紧包裹内部心叶，使其不能展开而呈鞭状扭曲；或心叶基部纵向开裂，叶片畸形、皱缩或扭曲。植株常矮化，剖开茎基部可见纵向开裂，有褐色病变；重病株多不结实或雌穗瘦小，甚至枯萎死亡。病原菌一般从伤口或茎节、心叶等幼嫩组织侵入，虫害尤其是蓟马、蚜虫等的为害会加重病害发生。

②细菌性顶腐病：在玉米抽雄前均可发生。典型症状为心叶呈

灰绿色失水萎蔫枯死，形成枯心苗或丛生苗；叶基部水浸状腐烂，病斑不规则，褐色或黄褐色，腐烂部有或无特殊臭味，有黏液；严重时用手能够拔出整个心叶，轻病株心叶扭曲不能展开。高温高湿有利于病害流行，害虫或其他原因造成的伤口利于病菌侵入。多出现在雨后或田间灌溉后，低洼或排水不畅的地块发病较重。

（5）粗缩病。玉米整个生育期都可感染发病，以苗期受害最重，5~6片叶即可显症，开始在心叶基部及中脉两侧产生透明的油浸状褪绿虚线条点，逐渐扩及整个叶片。病苗浓绿，叶片僵直，宽短而厚，心叶不能正常展开，病株生长迟缓、矮化叶片背部叶脉上产生蜡白色隆起条纹，用手触摸有明显的粗糙感植株叶片宽短僵直，叶色浓绿，节间粗短，顶叶簇生状如君子兰。叶背、叶鞘及苞叶的叶脉上具有粗细不一的蜡白色条状突起，有明显的粗糙感。至9~10叶期，病株矮化现象更为明显，上部节间短缩粗肿，顶部叶片簇生，病株高度不到健株一半，多数不能抽穗结实，个别雄穗虽能抽出，但分枝极少，没有花粉。果穗畸形，花丝极少，植株严重矮化，雄穗退化，雌穗畸形，严重时不能结实。

2. 玉米主要虫害

（1）黏虫。黏虫是一种玉米作物虫害中常见的主要害虫之一。属鳞翅目，夜蛾科，又名行军虫。以幼虫暴食玉米叶片，发生严重时，短期内吃光叶片，造成减产甚至绝收。

幼虫：幼虫头顶有"八"字形黑纹，头部褐色黄褐色至红褐色，2~3龄幼虫黄褐至灰褐色，或带暗红色，4龄以上的幼虫多是黑色或灰黑色。身上有5条背线，所以，又叫五色虫。腹足外侧有黑褐纹，气门上有明显的白线。蛹红褐色。

成虫：体长17~20毫米，淡灰褐色或黄褐色，雄蛾色较深。前翅有两个土黄色圆斑，外侧圆斑的下方有一小白点，白点两侧各有一小黑点，翅顶角有1条深褐色斜纹。

（2）玉米螟。玉米螟主要为害玉米、高粱、谷子，也能为害棉花、大麻、甘蔗、向日葵、水稻、甘薯、豆类等作物。玉米螟主要以幼虫蛀茎为害，破坏茎秆组织，影响养分运输，使植株受损，严重时茎秆遇风折断。

老熟幼虫：体长20～30毫米，圆筒形，头黑褐色，背部淡灰色或略带淡红褐色，幼虫中、后胸背面各有1排4个圆形毛片，腹部1～8节背面前方有1排4个圆形毛片，后方2个，较前排稍小。

成虫：黄褐色，雄蛾体长13～14毫米，翅展22～28毫米，体背黄褐色，前翅内横线为黄褐色波状纹，外横线暗褐色，呈锯齿状纹。雌蛾体长14～15毫米，翅展28～34毫米，体鲜黄色，各条线纹红褐色。

（3）蓟马。蓟马是玉米苗期害虫，主要有玉米黄蓟马、禾蓟马、稻管蓟马，个体小（0.9～1.3毫米），会飞善跳。黄蓟马首先为害叶背，禾蓟马和稻管蓟马首先为害叶正面，干旱对其大发生有利，降水对其发生和为害有直接的抑制作用。蓟马主要在玉米心叶内为害，同时，会释放出黏液，致使心叶不能展开。随着玉米的生长，玉米心叶形成"鞭状"，如不及时采取措施，就会造成减产，甚至绝收。成虫行动迟缓，为害造成不连续的银白色食纹并伴有虫粪污点，叶正面相对应的部分呈现黄色条斑。成虫在取食处的叶肉中产卵，对光透视可见针尖大小的白点。为害多集中在自下而上第二至第四或第二至第六叶上。

（4）穗虫。穗虫为害玉米的穗虫有棉铃虫、玉米螟、黏虫、桃蛀螟、高粱条螟等。因玉米吐丝期的早晚和种植地块的不同，其发生为害的程度差异很大。

3. 玉米病虫草害综合防治技术意见

因地制宜，准确把握关键时期，抓好玉米各生育期病虫综合治理，大力推广绿色高效综合防治技术。

（1）选用良种，加强健身栽培。目前栽植品种大多抗大小斑、矮花叶病。推广健身栽培，精耕细作，适时播种，配方施肥，合理深翻，及时清洁田园，秸秆粉碎还田，破坏病虫适生场所，减少玉米螟、灰飞虱、叶斑病等病虫基数。

（2）适时开展化学除草。播后苗前，可亩用960克/升精异丙甲草胺乳油100~170克，或用40%异丙草·莠悬浮剂200~250毫升，对水30~45千克土壤喷雾。苗后3~5叶期，一年生杂草可亩用40克/升烟嘧磺隆悬浮剂75~100毫升，对水30~45千克茎叶喷雾；阔叶杂草亩用20%氯氟吡氧乙酸乳油50~70毫升，对水30~45千克喷雾。

（3）抓好各生育期化学防治。

①播种期：主要采取种子包衣或拌种措施，防治苗期病害、地下害虫，兼治灰飞虱、蓟马等，降低玉米粗缩病发生概率。每百千克种子可用40%溴酰·噻虫嗪种子处理悬浮剂按300~450毫升拌种防治地下害虫和蓟马；或用35克/升咯菌·精甲霜悬浮种衣剂按100~200克包衣或拌种防治玉米茎基腐病；或用29%噻虫·咯·霜灵悬浮种衣剂按400~600毫升包衣或拌种防治灰飞虱和茎基腐病等。

②苗期至小喇叭口期：主要防治玉米螟、二代黏虫、二点委夜蛾、蓟马、蚜虫等。防治玉米螟，心叶期亩用3%辛硫磷颗粒剂300~400克拌细沙撒心叶，兼治玉米蚜；防治二代黏虫，亩用10%高效氯氰菊酯水乳剂15~20毫升，或用14%氯虫·高氯氟微囊悬浮剂15~20毫升，对水30千克喷雾，兼治蓟马、棉铃虫；防治二点委

夜蛾，亩用200克/升氯虫苯甲酰胺悬浮剂7～10毫升，对水30千克喷雾；防治蓟马，亩用25%噻虫嗪水分散粒剂15～20克，对水30千克喷雾；防治苗枯病，亩用50%多菌灵可湿性粉剂75～100克，或用15%三唑酮可湿性粉剂60～80克，对水30千克喷茎基部。

③大喇叭口期至穗期：大喇叭口期至雌穗萎蔫期，大力推广玉米"一防双减"技术，选用组配高效杀虫、杀菌剂，1次施药防治玉米中后期多种病虫害，减少穗虫基数，减轻病害流行程度，提高叶片的光合效能，实现玉米增产增效。

防治玉米穗虫，亩用10%高效氯氟氰菊酯水乳剂15～20毫升，或用200克/升氯虫苯甲酰胺悬浮剂8～10毫升，对水45千克喷雾；防治叶斑病，亩用250克/升吡唑醚菌酯悬浮剂30～40毫升，或用17%唑醚·氟环唑悬乳剂45～65克，对水45千克喷雾，兼治锈病。

（4）积极推广生物防治技术。一是加强自然天敌保护。玉米螟卵寄生率60%以上时，可不施药，利用天敌即可控制为害。二是释放天敌控制害虫种群。7月上旬玉米螟百株落卵量达1.0～1.5块时，每亩均匀设10个放蜂点释放赤眼蜂，隔1个月左右再放1次蜂，2次亩放蜂总量2万～3万头。三是喷施生物制剂控制病虫为害。心叶末期，亩用16 000IU/毫克苏云金杆菌可湿性粉剂50～100克加细沙2～3千克制成菌沙施于心叶内，防治玉米螟。

三、棉花绿色防控

1. 棉花主要病害

（1）苗病。棉苗病害种类很多，常见苗期病害有立枯病、猝倒病、炭疽病等。

①立枯病：棉种萌发前侵染而造成烂种，萌发后末出土前被侵染而引起烂芽。棉苗出土后受害，初期在近土面基部产生黄褐色病

斑，病斑逐渐扩展包围整个基部呈明显缢缩，病苗萎蔫倒伏枯死。拔起病苗，茎基部以下的皮层均遗留土壤中，仅存鼠尾状木质部。子叶受害后，多在子叶中部产生黄褐色不规则形病斑，常脱落穿孔。此病发生后常导致棉苗成片死亡。在病苗、死苗的茎基部及周围、土面常见到白色稀疏菌丝体。

②猝倒病：病菌从幼嫩的细根侵入，幼茎基部呈现黄色水渍状病斑，严重时病部变软腐烂，颜色加深呈黄褐色，幼苗迅速萎蔫倒伏，子叶也随之褪色，呈水渍状软化。高湿条件下，病部常产生白色絮状物，即病菌的菌丝体。与立枯病的主要区别是猝倒病苗茎基部没有褐色凹陷病斑。

③炭疽病：棉籽发芽后受侵染，可在土中腐烂。子叶上病斑黄褐色，边缘红褐色，上面有橘红色黏性物质，即病菌分生孢子。幼茎基部发病后产生红褐色梭形条斑，后扩大变褐，略凹陷，病斑上有橘红色黏性物。

（2）枯萎病。棉花整个生育期均可受害，是典型的维管束病害。症状常表现多种类型：苗期有青枯型、黄化型、黄色网纹型、皱缩型、红叶型等；蕾期有皱缩型、半边黄化型、枯斑型、顶枯型、光秆型等。共同特征：成株期植株矮化，根茎部导管呈深褐色，刨削根茎可见明显深褐色条纹，从根部到顶端形成一条直线。该病有时与黄萎病混合发生，症状更为复杂，表现为矮生枯萎或凋萎等。纵剖病茎可见木质部有深褐色条纹。湿度大时，病部出现粉红色霉状物。

①黄色网纹型：其典型症状是叶脉导管受枯萎病菌毒素侵害后呈现黄色，而叶肉仍保持绿色，多发生于子叶和前期真叶。

②紫红型：一般在早春气温低时发生，子叶或真叶的局部或全部呈现紫红色病斑，严重时，叶片脱落。

③青枯型：棉株遭受病菌侵染后突然失水，叶片变软下垂萎

蔫，接着棉株青枯死亡。

④黄化型：多从叶片边缘发病，局部或整叶变黄，最后叶片枯死或脱落，叶柄和茎部的导管部分变褐。黄色网纹型子叶或真叶叶脉褪绿变黄，叶肉仍保持绿色，病部出现网状斑纹，渐扩展成斑块，最后整叶萎蔫或脱落。该型是本病早期常见典型症状之一。

⑤皱缩型：表现为叶片皱缩、增厚，叶色深绿，节间缩短，植株矮化，有时与其他症状同时出现。

⑥红叶型：苗期遇低温，病叶局部或全部现出紫红色病斑，病部叶脉也呈红褐色，叶片随之枯萎脱落，棉株死亡。

⑦半边黄化型：棉株感病后只半边表现病态黄化枯萎，另半边生长正常。

（3）角斑病。角斑病从子叶期到成株期均可发病，病菌可以侵染棉花的种芽、叶片、茎、枝、苞叶和棉铃。叶片发病时，先在叶片背面出现深绿色小点，而后迅速扩大形成圆形或近圆形"油浸状"（水渍状）暗绿色病斑。此时，在叶片正面也显现病斑，可星星点点散生，严重发病时，也可很多病斑连接成片。病斑受叶脉限制，多呈"多角形"。病菌也可沿主脉扩展形成"褐色条状"，甚至引起叶片皱缩扭曲或干枯，严重感病时，叶片提早枯黄脱落。

（4）铃病。棉花铃期引起棉铃僵硬、腐烂的病害统称铃病，棉花铃病主要有棉铃疫病、棉铃红粉病、棉铃灰霉病、棉铃红腐病、棉铃炭疽病等。

（5）棉铃疫病。多发生在中下部枝的棉铃上，棉铃苞叶下的果面、铃缝及铃尖等部位最先发病。病铃先出现淡褐、淡青至青黑色水渍状病斑，湿度大时，病害扩展很快，整个棉铃变为有光亮的青绿色至黑褐色病铃。多雨潮湿时，棉铃表面可见一层稀薄白色霜霉状物。青铃染病，易腐烂脱落或成为僵铃。

（6）棉铃红粉病。病铃布满粉红色绒状物，厚且紧密。气候潮湿时，变为白色绒状物，进而整个铃壳表面生长松散的橘红色绒状物霉层。病铃不能开裂，纤维黏结成僵瓣，僵瓣上也长有红色霉层。

（7）棉铃炭疽病。铃部病斑初为暗红色小点，逐渐扩大并凹陷，中部变为灰褐色，上附着橘红色黏性物，病铃腐烂可形成僵瓣。

（8）棉铃红腐病。铃部病斑不规则，外有红粉，后期常黏在一起呈粉红色块状物，重病铃不开裂成为僵瓣。

（9）棉铃灰霉病。受感染的棉铃表面长有灰绒毛状霉层，严重时，造成棉铃干腐。该病通常发生在受疫病、炭疽病侵染过的棉铃上。

2. 棉花主要虫害

（1）棉蚜。棉蚜以刺吸口器插入棉叶背面或嫩头部分组织吸食汁液，受害叶片向背面卷缩，叶表有蚜虫排泄的蜜露（油腻），并往往滋生真菌。棉花受害后植株矮小、叶片变小、叶数减少、根系缩短、现蕾推迟、蕾铃数减少、吐絮延迟。

翅胎生雌蚜体长不到2毫米，身体有黄、青、深绿、暗绿等色。触角约为身体一半长。复眼暗红色。腹管黑青色，较短。尾片青色。有翅胎生蚜体长不到2毫米，体黄色、浅绿或深绿。触角比身体短。翅透明，中脉三岔。卵初产时橙黄色，6天后变为漆黑色，有光泽。卵产在越冬寄主的叶芽附近。无翅若蚜与无翅胎生雌蚜相似，但体较小，腹部较瘦。有翅若蚜形状同无翅若蚜，2龄出现翅芽，向两侧后方伸展。

（2）棉铃虫。棉铃虫主要以幼虫蛀食棉花的蕾、花、铃。蕾被蛀食后苞叶张开发黄，2～3天后脱落；花的柱头和花药被害后，不能授粉结铃；青铃被蛀成空洞后，常诱发病菌侵染，造成烂铃。

幼虫也食害棉花嫩尖和嫩叶，形成孔洞和缺刻，造成无头棉，影响棉花的正常发育。

幼虫：老熟幼虫长40～50毫米，初孵幼虫青灰色，以后体色多变，分4个类型：一是体色淡红，背线，亚背线褐色，气门线白色，毛突黑色。二是体色黄白，背线，亚背线淡绿，气门线白色，毛突与体色相同。三是体色淡绿，背线，亚背线不明显，气门线白色，毛突与体色相同。四是体色深绿，背线，亚背线不太明显，气门淡黄色。头部黄色，有褐色网状斑纹。虫体各体节有毛片12个。体表密生长而尖的小刺。

成虫：体长15～20毫米，翅展27～38毫米。雌蛾赤褐色，雄蛾灰绿色。前翅翅尖突伸，外缘较直，斑纹模糊不清，中横线由肾形斑下斜至翅后缘，外横线末端达肾形斑正下方，亚缘线锯齿较均匀。后翅灰白色，脉纹褐色明显，沿外缘有黑褐色宽带，宽带中部2个灰白斑不靠外缘。前足胫节外侧有1个端刺。雄性生殖器的阴茎细长，末端内膜上有1个很小的倒刺。

（3）棉盲蝽。棉盲蝽是棉花上主要害虫，在我国棉区为害棉花的盲蝽有5种：绿盲蝽、苜蓿盲蝽、中黑盲蝽、三点盲蝽、牧草盲蝽。其中，绿盲蝽分布最广。棉盲蝽以成虫、若虫刺吸棉株汁液，造成蕾铃大量脱落、破头叶和枝叶丛生。棉株不同生育期被害后表现不同，子叶期被害，表现为枯顶；真叶期顶芽被刺伤则出现破头疯；幼叶被害则形成破叶疯；幼蕾被害则由黄变黑，2～3天脱落；中型蕾被害则形成张口蕾，不久即脱落；幼铃被害伤口呈水渍状斑点，重则僵化脱落；顶心或旁心受害，形成扫帚棉。

（4）烟粉虱。烟粉虱以成虫和若虫刺吸植物汁液，受害叶片正面出现褪色斑，虫口密度高时出现成片黄斑，严重时，萎蔫枯死、蕾铃脱落。分泌的蜜露可诱发煤污病，降低叶片的光合作用，影响棉花产量和纤维品质。烟粉虱还可以传播病毒病，在棉花上可传播棉花曲叶病毒病。

成虫：体长1毫米，黄色，翅白色无斑点，具白色细小粉状物。

若虫：淡绿色至黄色，1龄若虫有足和触角，2~3龄若虫足和触角退化至只有1节。3龄若虫蜕皮后成为具有外生翅芽的伪蛹。

（5）棉叶螨。棉叶螨又称棉花红蜘蛛，我国各棉区均有发生，除为害棉花外，还为害玉米、高粱、小麦、大豆等。寄主广泛。棉叶螨主要在棉花叶面背部刺吸汁液，使叶面出现黄斑、红叶和落叶等为害症状，形似火烧，俗称"火龙"。暴发年份，造成大面积减产甚至绝收。它在棉花整个生育期都可为害。棉叶受害初期叶正面出现黄白色斑点，3~5天斑点面积扩大，斑点加密，叶片开始出现红褐色斑块（单是截型叶螨为害，只有黄色斑点，叶片不红）。随着为害加重，棉叶卷曲，最后脱落，受害严重的，棉株矮小，叶片稀少甚至光杆，棉铃明显减少，发育不良。

（6）棉蓟马。棉蓟马为害棉花的蓟马主要有烟蓟马、花蓟马。棉蓟马成虫、若虫隐藏在卷叶或花器内，锉吸棉花叶片和花蕊汁液，为害子叶、真叶、嫩头和生长点。生长点受害后可干枯死亡、子叶肥大、形成无头苗，然后形成枝叶丛生的杈头苗，影响蕾铃发育，推迟成熟期。嫩叶受害后叶面粗糙变硬，出现黄褐色斑，叶背沿叶脉处现银灰色斑痕，叶片焦黄卷曲。幼铃被害后表皮脱水，提前开裂，影响产量和品质。

3. 棉花病虫草害综合防控技术意见

防治工作中应贯彻预防为主、绿色防控的原则，抓好关键措施落实，科学有效控制棉田病虫为害。

（1）播种期。

①农业措施：加强栽培管理，推广"压盐保墒，培肥地力"等健身栽培技术；枯萎病、黄萎病重病地块要与非锦葵科作物实行3

年以上轮作；及时清洁田园，清除荒地、田埂和渠边的杂草病虫残体，压低病虫越冬基数。结合棉花生产供给侧结构性改革，选择市场需求的、高产、抗逆强、适合轻简栽培的棉花品种。

②化学措施：

种子处理　用3%苯醚甲环唑悬浮种衣剂按300～400克/100千克种子包衣或拌种防治棉苗病，或用600克/升吡虫啉悬浮种衣剂按600～800克/100千克种子包衣或拌种防治蚜虫；也可采用复配药剂11%精甲·咯·嘧菌按200～400毫升/100千克种子包衣或拌种防治棉苗病，或用25%噻虫·咯·霜灵按600～1 200毫升/100千克种子或40%唑醚·萎·噻虫按750～1 000克/100千克种子，包衣或拌种防治棉苗病、蚜虫。

化学除草　播后苗前，一年生杂草，可选用330克/升二甲戊灵乳油150～200毫升/亩，对水50千克土壤喷雾；禾本科杂草为主地块，可用480克/升氟乐灵乳油100～150毫升/亩，或用96%精异丙甲草胺乳油50～85克/亩，对水50千克土壤喷雾；阔叶类杂草为主地块，可用50%扑草净悬浮剂100～150克/亩，对水50千克土壤喷雾。

（2）苗期。

①生物措施：注意保护利用天敌，小麦收获后推迟灭茬，使天敌充分向棉株转移，以益控害，苗期蚜虫，田间瓢蚜比大于1∶120时，可利用瓢虫等天敌控制蚜虫；地老虎成虫可采用性诱剂或糖酒醋液诱杀。

②化学防治：

地下害虫　可用90%敌百虫可溶性粉剂55～120克/亩，或用4.5%高效氯氰菊酯水乳剂25～45毫升/亩对水30千克喷雾或灌根。

苗期病害　以种子处理预防为主，发病初期，用25%吡唑醚菌酯悬浮剂30～50毫升/亩，或用3%多抗霉素可湿性粉剂250～300克/亩对水30千克喷雾。针对枯、黄萎病，可用1.8%辛菌胺醋酸盐水剂100～150毫升/亩，或用10亿芽孢/克枯草芽孢杆菌可湿性粉剂200～250克/亩，对水30千克喷雾。

苗蚜：可用25%噻虫嗪水分散粒剂10～14克/亩，或用0.5%藜芦碱可溶液剂75～100毫升/亩，于蚜虫始盛期对水30千克喷雾。

（3）蕾铃期。

①农业措施：分次追肥，重施花铃肥，精细整枝，清除老叶、无效蕾及所整枝条，增加通透性，减轻枯、黄萎病和红叶茎枯病的为害，减少蕾铃脱落。

②生物措施：棉铃虫越冬代成虫始见期至末代成虫末期，可使用棉铃虫性诱剂，每亩设置1个干式飞蛾诱捕器+诱芯，群集诱杀成虫；与枣园、树林相邻棉田可采用性诱剂诱杀绿盲蝽成虫。

棉铃虫成虫始盛期人工释放卵寄生蜂螟黄赤眼蜂或松毛虫赤眼蜂，放蜂量每次10 000头/亩，每代放蜂2～3次，间隔3～5天，降低棉铃虫幼虫量。

夜蛾科害虫（棉铃虫、地老虎等）主害代羽化前1～2天，施用生物食诱剂，以条带方式每隔580米整行滴洒棉株顶部叶面，诱杀成虫。

③化学防治：

伏蚜　选用10%烯啶虫胺水剂10～20毫升/亩，或用0.5%藜芦碱可溶液剂75～100毫升/亩，或用50%氟啶虫胺腈水分散粒剂10克/亩，于棉蚜始盛期对水50千克叶面喷雾，兼治其他刺吸式口器害虫。

棉铃虫　优先选用生物源杀虫剂10亿PIB/克棉铃虫核型多角体病毒可湿性粉剂100～160克/亩，或用15%茚虫威悬浮剂15～20毫升/亩，或用10%溴氰虫酰胺可分散油悬浮剂20～25毫升/亩，于3龄前对水50千克喷雾。

盲蝽象　可用50%氟啶虫胺腈水分散粒剂10克/亩，对水50千克喷雾，兼治蚜虫。

棉红蜘蛛　可用1.8%阿维菌素乳油40～60克/亩，对水50千克喷雾。

棉铃病　真菌性病害，发病初期（铃上出现水渍状小点），可用3%多抗霉素可湿性粉剂250～300克/亩，或用30%乙蒜素乳油55～80克/亩，对水50千克喷雾；细菌性病害，选用20%噻菌铜悬浮剂75～150克/亩，对水50千克喷雾。

第三章　土肥知识及水肥一体化技术

一、土壤肥料知识

1. 土壤类型

土壤主要有潮土、盐土、褐土、砂姜黑土和风沙土5个土类。

2. 土壤改良

土壤改良是运用土壤学、农业生物学、生态学等多种学科的理论与技术，排除或防止影响农作物生育和引起土壤退化等不利因素，改善土壤性状、提高土壤肥力，为农作物创造良好的土壤环境条件的一系列技术措施的统称。

3. 测土配方施肥

测土配方施肥是以肥料田间试验、土壤测试为基础，根据作物需肥规律、土壤供肥性能和肥料效应，在合理施用有机肥料的基础上，提出氮、磷、钾及中、微量元素等肥料的施用品种、数量、施肥时期和施肥方法。

4. 配方肥、复合肥、复混肥、BB肥

配方肥是指对某种植物或农作物，由有关专家根据植物或农作物的需肥规律和土壤特点，合理配制氮、磷、钾及中微量元素的肥料。

复合肥是指氮、磷、钾3种养分中，至少有2种养分表明量的仅由化学方法制成的肥料。

复混肥是以物理加工制成，氮、磷、钾3种养分中，至少有2种标明量的肥料。

BB肥是氮、磷、钾3种养分中至少有两种养分标明量的由干混方法制成的冠以各种名称的肥料，适用于缓释型、控释型及有机质质量分数未超过20%的掺混肥料。

5. 水溶性肥料

水溶性肥料，简称水溶肥，其定义为：经水溶解或稀释，用于灌溉施肥、叶面施肥、无土栽培、浸种蘸根等用途的液体或固体肥料。水溶肥作为一种多元肥料，它能迅速地溶解于水中，更容易被作物吸收，而且其吸收利用率相对较高，可解决高产作物快速生长期的营养需求。尤其在设施农业上与微喷灌、滴灌等结合运用，以水带肥，实现水肥一体化，达到省水省肥省工的效能。在水资源日益短缺的今天，施用水溶肥成为农业增效、农民增收的措施之一。

（1）大量元素水溶肥料。大量元素水溶肥料以氮、磷、钾大量元素为主，按照适合植物生长所需比例，添加以铜、铁、锰、锌、硼、钼微量元素或钙、镁中量元素制成的液体或固体水溶肥料。产品标准为农业行业标准NY 1107—2010。按添加中量、微量营养元素类型将大量元素水溶肥料分为中量元素型和微量元素型。其中，汞、砷、镉、铅、铬限量指标应符合NY 1110—2010的要求。

（2）中量元素水溶肥料。中量元素水溶肥料由钙、镁中量元素按照适合植物生长所需比例，或添加以适量铜、铁、锰、锌、硼、钼微量元素制成的液体或固体水溶肥料。产品标准为农业行业标准NY 2266—2012。其中，汞、砷、镉、铅、铬限量指标应符合NY 1110—2010的要求。

（3）微量元素水溶肥料。微量元素水溶肥料由铜、铁、锰、锌、硼、钼微量元素按照适合植物生长所需比例制成的液体或固体水溶肥料。产品标准为农业行业标准NY 1428—2010。其中，汞、砷、镉、铅、铬限量指标应符合NY 1110—2010的要求。

（4）含氨基酸水溶肥料。含氨基酸水溶肥料以游离氨基酸为主体，按植物生长所需比例，添加以铜、铁、锰、锌、硼、钼微量元素或钙、镁中量元素制成的液体或固体水溶肥料。产品标准为NY 1429—2010。按添加中量、微量营养元素类型将含氨基酸水溶肥料分为中量元素型和微量元素型。其中，汞、砷、镉、铅、铬限量指标应符合NY 1110—2010的要求。

（5）含腐殖酸水溶肥料。含腐殖酸水溶肥料是一种含腐殖酸类物质的水溶肥料。以适合植物生长所需比例腐殖酸，添加以适量氮、磷、钾大量元素或铜、铁、锰、锌、硼、钼微量元素制成的液体或固体水溶肥料。产品标准为农业行业标准NY 1106—2010。按添加大量、微量营养元素类型将含腐殖酸水溶肥料分为大量元素型和微量元素型，大量元素型产品分为固体或液体2种剂型，微量元素型产品仅为固体剂型。其中，汞、砷、镉、铅、铬限量指标应符合NY 1110—2010的要求。

（6）其他水溶肥料。不在以上5种水溶肥料范围之内，执行企业标准的其他具有肥料功效的水溶肥料。

6. 生物有机肥

生物有机肥指特定功能微生物与主要以动植物残体（如畜禽粪便、农作物秸秆等）为来源并经无害化处理、腐熟的有机物料复合而成的一类兼具微生物肥料和有机肥效应的肥料。对应的标准是NY 884—2012。

7. 复合微生物肥料

复合微生物肥料是指特定微生物与营养物质复合而成，能提供、保持或改善植物营养，提高农产品产量或改善农产品品质的活体微生物制品。对应的标准是NY/T 798—2015。

8. 农用微生物菌剂

农用微生物菌剂是指目标微生物（有效菌）经过工业化生产扩繁后，利用多孔的物质作为吸附剂（如草炭、蛭石），吸附菌体的发酵液加工制成的活菌制剂。这种菌剂用于拌种或蘸根，具有直接或间接改良土壤、恢复地力、预防土传病害、维持根际微生物区系平衡和降解有毒有害物质等作用。产品按剂型可分为液体、粉剂、颗粒型。按内含的微生物种类或功能特性可分为根瘤菌菌剂、固氮菌菌剂、解磷类微生物菌剂、硅酸盐微生物菌剂、光合细菌菌剂、有机物料腐熟剂、促生菌剂、菌根菌剂、生物修复菌剂等。对应的标准是GB 20287—2006。

9. 肥料的实物量与折纯量

肥料实物量与折纯量是一种肥料的实际重量与里面所含的纯养分的重量。换算方法，将肥料折纯量除以肥料养分含量就得到肥料实物量；反过来，将肥料实物量乘以肥料养分含量就得到肥料折纯量。

10. 肥料利用率

植物吸收来自所施肥料的养分占所施肥料养分总量的百分率。

11. 大配方小调整

全称是区域大配方至地块小调整。由于配肥要面对千家万户，企业难以应对，难以规模化生产。所以推行"大配方，小调整"的配方肥推广模式。即在一个大的区域内分作物设定高产型和经济型等的配方，指导企业生产，让过去施肥无所适从的农户，根据测土结果进行选择性应用。

12. 肥料效应

肥料效应是肥料对作物产量和品质的作用效果，通常以肥料单位养分的施用量所能获得的作物增产量和效益表示。

13. 施肥量

施肥量是施于单位面积耕地或单位质量生长介质中的肥料或养分的质量或体积。

14. 常规施肥

常规施肥也称习惯施肥，指当地前3年平均施肥量（主要指氮、磷、钾肥）、施肥品种和施肥方法。

15. 地力水平

地力水平是指在当前管理水平下，由土壤本身特性、自身背景条件和农田基础设施等要素综合构成的耕地生产能力。

16. 耕地地力评价

耕地地力评价是指根据耕地所在地的气候、地形地貌、成土母质、土壤理化性状、农田基础设施等要素相互作用表现出来的综合特征，对农田生态环境优劣、农作物种植适宜性、耕地潜在生物生产力高低进行评价。

17. 土壤墒情

墒情是指土壤湿度的情况。土壤湿度是土壤的干湿程度，即土壤的实际含水量，可用土壤含水量占烘干土重的百分数表示。也可以土壤含水量相当于田间持水量的百分比，或相对于饱和水量的百分比等相对含水量表示。

18. 作物营养诊断

作物营养诊断是判断作物体内某一养分丰缺状况的方法。有外观形态诊断、化学诊断和酶学诊断等方法。作物营养诊断若能与土壤养分速测相结合，就更能反映作物营养丰缺的状况。

19. 科学施肥原则

①有机肥为主，化肥为辅。

②施足基肥，合理追肥。

③注意各养分的化学反应和拮抗作用。

④禁止和限制使用的肥料。

⑤因作物施肥原则。

⑥因土壤施肥原则。

20. 施肥方法

科学施肥除掌握好基肥、追肥的时期和比例外，施肥方法、施肥位置也是施肥技术中重要的一部分。生产中，要依据作物需肥特点、肥料特性、栽培方式等，确定全层或局部施用，浅层或深层施用，根部施肥或根外追肥。不管是铵态氮还是硝态氮或是酰胺态的尿素，都应深施覆土，一般深度大于8厘米即可减少氨的挥发损失。硝态氮不宜做基肥，做追肥时，要防止随水淋失。磷、钾肥应深施、集中施。

21. 群众购肥常识

①选择正规企业的产品，并要在正规企业的销售处或合法经销单位购买。

②购买化肥时，要查看肥料包装标识，特别要注意查看有无生产许可证、产品标准号、农业登记证号，要查看产品质量证明书或合格证，以及生产日期和批号、生产者或经销者的名称、地址，产品要有使用说明书。

③肥料产品标识要清楚规范，不允许添加带有不实或夸大性质的词语，无"肥王""全元素"等。选择的肥料产品，外观应颗粒均匀，无结块现象，且不要购买散装产品。

④购买肥料要索要收据（发票）、信誉卡，肥料施用后保存肥料包装，以便出现纠纷时，作为证据和索赔依据。

二、水肥一体化技术

1. 水肥一体化技术概念

水肥一体化技术也称为灌溉施肥技术，是借助灌溉系统，把水溶性肥料溶解后在灌溉的同时，将肥料输送到作物根部土壤，适时适量地满足作物对水分和养分需求的一种现代农业新技术。灌溉方式包括滴灌、微喷、涌泉灌、喷灌（包括立式喷灌、喷水带灌溉）等形式。施肥方式通过各类施肥设备皆可。

2. 水肥一体化技术优点

①水分一体化技术可有效提高肥料的利用率，并且比传统灌溉淋失率小得多，提高灌溉水的利用率。

②节省劳动力，可以大幅度地降低灌溉施肥的劳力成本。

③水肥一体化灌溉施肥更均匀，可以有效地提高肥料利用率；做到精确灌溉、施肥；实现水肥同步，防止养分淋失到植物有效根区以外；通过调整肥料溶液的pH值、EC值使肥料养分的有效性达到最大化。

④增加土壤的透气性，改善作物根系生长环境。

⑤减少因施肥带来的面源污染。

⑥通过灌溉和施肥来改善作物的品质。

⑦改善作物生长环境，有效的调控土壤根系的五大障碍：水渍化、盐渍化、pH值、根区土壤透气性、土传病害。

⑧可以更有效地开发利用边缘土地。如山地、丘陵地、沙石地以及轻度盐碱地等。

3. 水肥一体化技术实施八准则

①水肥一体化的概念与模式。

②根系调控技术。

③灌溉水和土壤的pH值。

④灌溉施肥设备选择。

⑤灌溉肥料选择。

⑥灌溉施肥制度。

⑦农艺配套技术。

⑧示范培训服务。

4. 水肥一体化技术的组成

水肥一体化技术是灌溉技术和施肥技术的综合集成技术，灌溉技术包括灌溉设备和灌溉制度，施肥技术包括施肥设备、肥料选择和施肥制度。

5. 水肥一体化技术需求

（1）设备需求。

水源条件：持续、多用途。

滴灌设备：简便、抗堵、机械化。

喷灌设备：轻简、均匀、全覆盖。

施肥设备：精准、方便。

水分监测：自动化、信息化。

（2）肥料需求。水溶性好，溶解速度快，与灌溉水相互作用小；腐蚀性小，配方合理，价格适中。

6. 滴灌

滴灌是高效节水、科学用水的最有效的灌溉方式，也是水肥一体化应用最有效的工具。滴灌带（管）将压力水以水滴状湿润土壤，形成连续细小水流湿润土壤并形成一条湿润带。滴灌小流量灌溉可促进根系生长，滴灌可以给植物创造最理想的根系生长环境。

7. 微喷

微喷灌是利用直接安装在毛管上，或与毛管连接的微喷头将压力水以喷洒状湿润土壤。微喷头有固定式和旋转式两种，前者喷射范围小，水滴小；后者喷射范围较大，水滴也大些，故安装的间距也大。微喷头的流量通常为20～250升/小时。

8. 涌泉灌（小管出流灌）

在我国使用的小管出流灌溉是利用Φ4的小塑料管与毛管连接作为灌水器，以细流（射流）状局部湿润作物附近土壤，小管灌水器的流量为10～250升/小时。对于高大果树通常围绕树干修一渗水小沟，以分散水流，均匀湿润果树周围土壤。在国内称这种微灌技术为小管出流灌溉（有压力补偿式）

9. 水肥一体化技术中的施肥系统

施肥系统是将肥料通过该套系统与微灌系统结合而施到作物根系附近的装置。它分为施肥罐、文丘里注肥器、水动泵式注肥器、施肥机等几种。

10. 水肥一体化技术中的过滤系统考虑的因素及主要类型

（1）过滤系统考虑的因素。水源类型、水质、系统流量、灌水器类型、日常维护的要求。

（2）过滤系统的主要类型。

①介质过滤系统，主要用于河流、水库、池塘的水源，可以充分地过滤水源中的悬浮物质和藻类，初级过滤。

②离心过滤系统，用于过滤深水井中的沙石的过滤，初级过滤。

③网式、叠片过滤系统，可配合①、②，也可单独使用。

④自动反冲洗过滤器。

11. 管道堵塞的原因

①物理堵塞是由于水体中无法过滤掉的悬浮无机物质颗粒、有机物质和微生物残体引起的。

②生物堵塞是指生物因素（如藻类、细菌等）在流道壁面附着成长成生物膜，流体中的其他物质往往会在细菌群落生长很好的流道拐角处与生物膜发生相互的黏附累积，最终导致灌水器堵塞。

③化学堵塞是指溶于水中的化学物质（如可溶性盐类等），在一定条件下相互作用，变成难溶性物质在流道内沉淀造成灌水器的堵塞。

④堵塞的发生是物理、化学和生物3种因素相互作用的结果，控制好任何一个因素都可以减轻其他因素引起的堵塞。

12. 防止灌水器堵塞的方法

①优化设计灌水器流道内部结构是提高其抗堵塞能力的基础。

②强化水质管理。

③物理处理，过滤。

④化学处理，常用的药剂为氯气、盐酸、硫酸等。

⑤提高管理维护运行水平。

⑥合理布设。

⑦定期清洗。

13. 灌溉施肥的频率原则

①灌溉施肥的肥料施用原则是：数量减半、少量多次和养分平衡。

②若在灌溉周期的一部分时间里施用化肥，可分3个阶段进行控制：第一阶段，表土先用无肥的水湿润；第二阶段，将肥料和水一同施入土中；第三阶段，用水冲洗系统使肥料分配到所需的土壤。

14. 滴灌管铺设注意事项

滴灌管铺设时要将滴灌管的滴头孔向上，防止沉淀物堵塞滴头，同时，可以防止停止灌溉时形成的虹吸将污物吸到滴头处；减少灌溉水中钙镁离子对滴头的堵塞。

15. 如何对滴灌管进行维护

①定期将每条滴灌管的尾部打开冲洗管内的杂质。

②定期检查滴灌管的滴头是否朝上。

③施肥结束后务必再继续灌溉20分钟左右。定期清洗过滤系统，尽量做到每次灌溉后清洗1次。

16. 水溶性肥料的定义

水溶性肥料顾名思义是一种可以完全溶于水的多元复合肥料，它能迅速地溶解于水中，溶解后没有任何杂质，更容易被作物吸收，而且其吸收利用率相对较高。

17. 适用于灌溉施肥的肥料

①溶液中养分浓度高。

②田间温度条件下完全溶于水。

③能迅速地溶于灌溉水中。

④不会阻塞过滤器和滴头，不溶物含量低。

⑤能与其他肥料混合。

⑥与灌溉水的相互作用很小。

⑦不会引起灌溉水pH值的剧烈变化。

⑧对控制中心和灌溉系统的腐蚀性小。

第四章 绿色环保主推技术

一、秸秆绿色环保应用技术

1. 秸秆生物反应堆技术

秸秆生物反应堆技术是在一定的设施（内、外置反应堆）条件下，利用生物工程技术，在微生物菌种、催化剂、净化剂的作用下，将农作物秸秆直接定向转化成植物生长所需的二氧化碳、热量、抗病微生物、有机和无机养料，从而实现培肥地力、促进作物生长、提高产量和改善品质，并达到优质农产品生产水平的应用技术。

该技术主要应用形式有内置反应堆和外置反应堆，可用于大棚作物、大田果树等经济价值高的作物。技术要点如下。

（1）开沟。采用大小行种植，一般一堆双行。大行宽90~110厘米，小行宽60~80厘米。在小行位置开沟，深20~25厘米，宽70~80厘米。

（2）铺秸秆。每亩铺放干秸秆4 000~5 000千克，沟内铺放秸秆厚度25~30厘米。

（3）撒菌种、饼肥。将菌种均匀撒在秸秆上，亩用菌种10千克，饼肥100~150千克。

（4）覆土。秸秆上覆土厚度20厘米，然后将土整平成畦。

（5）浇水、撒疫苗、打孔、定植。浇大水湿透秸秆，在垄上撒植物疫苗并与15厘米土掺匀，打3行孔，行距20～25厘米，孔距20厘米，孔深35厘米。7～10天定植作物。

2. 全株玉米青贮技术

（1）青贮窖及机械准备。修建容积与养殖规模相匹配的青贮窖（或青贮池），青贮前清理青贮窖里的杂物，检查青贮设施质量，检修各类青贮用机械设备，确保其运行良好。

（2）选好原料。籽实达到乳熟期至蜡熟期的玉米植株，水分含量控制在65%～75%，适于收获后青贮。

（3）铡短与揉搓。一般采用大型自走式玉米青贮收割机，玉米秸秆铡短至0.8～1.2厘米，并揉搓，同时，完成对玉米籽实的破碎，以改善青贮发酵效果，提高全株青贮料利用效率。人工收割需要把玉米秸秆运送到青贮窖旁，用铡草机铡短，适宜的铡短长度为1～2厘米，需要在铡短的同时完成玉米籽实的破碎。

（4）填装与压实。将铡短后的玉米秸秆逐层装填入窖，装填厚度达到20～30厘米时，由边缘向中心压实1次，确保四角与窖壁间隙的压实。大容积的青贮窖装填厚度达到30～50厘米时，用履带式拖拉机碾压，以排出空气，为青贮原料创造厌氧发酵条件。

（5）密封和覆盖。原料填装到高于窖平面50～60厘米后立即封窖，加盖密封性好、不易破损的塑料膜或毛毡，自上而下覆盖40～50厘米厚的土层压实，或用废旧轮胎压实，封严边缘。

3. 秸秆裹包青贮技术

（1）设施设备准备。准备好青贮专用拉伸膜或青贮专用袋，要求密封性好、不易破损。检查青贮设施质量，检修各类青贮用机械设备，确保其运行良好。

（2）原料准备。将水分含量在60%～75%的玉米秸秆铡短至2～3厘米，并揉丝后用于裹包青贮。

（3）压实打捆或压块。切碎后的青贮原料由打捆机自动挤压成大小合适的草捆或草块。

（4）裹包或装袋。在草捆外面包裹青贮专用拉伸膜3～4层，或将草块直接装入青贮专用袋中，密封发酵。也可将切碎的青贮原料直接装入青贮专用袋，边填装、边压实、装满后密封发酵。青贮包（或袋）平整堆放于干燥处。

二、地膜环保应用技术

1.长寿透明地膜应用技术

（1）技术特点。长寿透明地膜覆盖的主要作用是增温、保墒。春季低温期间10厘米地温可提高1～6℃。由于薄膜的气密性强，地膜覆盖后能显著地减少土壤水分蒸发，使土壤湿度稳定，并能长期保持湿润，有利于根系生长。在较干旱的情况下，0～25厘米深的土层中土壤含水量一般比露地高50%以上。该膜幅宽70～300厘米，厚度0.01毫米，透光率90%以上。应根据不同作物对覆盖有效面积要求，确定幅宽。地膜质量达到纵横拉力强，有弹性，抗机械损伤。

（2）应用范围。适用于越冬和早春增温保湿栽培，也适应于以减少蒸发、保持土壤水分为主要目标的节水高产栽培。

（3）关键技术。地膜覆盖的方式依当地自然条件、作物种类、生产季节及栽培习惯不同而异。

①平畦覆盖：畦面平，有畦埂，畦宽100～200厘米，畦长依地块而定。播种后或定植前将地膜平铺畦面，四周用土压紧，或是短期内临时性覆盖。覆盖时省工、容易浇水，但浇水后易造成畦面淤

泥污染。广泛应用各类农作物。

②高垄覆盖：垄底宽50～85厘米，垄面宽30～50厘米，垄高15～25厘米。地膜覆盖于垄面上。每垄种植单行或双行作物。高垄覆盖受光较好，地温容易开高，也便于浇水，但旱区垄高不宜超过15厘米。

③高畦覆盖：畦面高出地平面10～15厘米。畦宽80～150厘米。地膜平铺在高畦的面上。适用于地下水位高或省雨地区。高畦增温效果较好，有利于排水防游。

④沟畦覆盖：将畦做成50厘米左右宽的沟，沟深15～20厘米，把育成的苗定植在沟内，然后在沟上覆盖地膜，当幼苗生长顶着地膜时，在苗的顶部将地膜割成十字，称为割口放风。晚霜过后，苗自破口处伸出膜外生长，待苗长离时再把地膜划破。使其落地，覆盖于根部。如此可提早定植7～10天，保护幼苗不受晚霜危害，起到既保苗又保根的作用，而达到早熟、增产增加收益的效果。

⑤沟种坡覆：在地面上开出深40厘米、上方宽60～80厘米的坡形沟，2沟相距2～5米。沟内两侧随坡覆70～75厘米宽的地膜，在沟两侧种植作物。

⑥穴坑覆盖：在平畦、高畦或高垄的畦面上用打眼器打成穴坑，穴深10厘米左右，直径10～15厘米，空内播种或定植作物，株行距按作物要求而定然后在穴顶上覆盖地膜，等苗顶膜后割口放风。

⑦注意事项：根据不同地区及作物要求，选择适宜规格的地膜。

地膜应回收利用，减少农田污染。

2. 黑色地膜应用技术

（1）技术特点。黑色地膜是在聚乙烯树酯中加入炭黑母粒吹塑而成，具有除草、保湿、调温等作用，适于杂草丛生地块和高温季节栽培的蔬菜及果园，特别适宜于夏秋季节的防高温栽培。该膜幅宽70～300厘米，厚度0.01毫米，透光率小于20%，质量达到国家标准。

（2）应用范围。适于作物防草和防高温栽培。

（3）关键技术。应根据不同作物栽培需求，确定规格。精细整地，地面平整。播种期一般比露地栽培早10～15天。以先播种后覆膜为主，也可先覆膜打孔播种。高标准、高质量覆膜，覆盖后灌压膜水，膜上尽量少压土，保持膜面整洁，创造良好增温条件。放苗掩严围苗土，出现破膜及时用土盖严。

功能性环保农膜新产品与新技术

（4）注意事项。一是根据不同地区及作物要求，选择适宜规格的地膜；二是使用黑色地膜时，不再使用除草剂。

3. 银色地膜应用技术

（1）技术特点。银色地膜可抑制杂草的生长，银色地膜的增温效果介于透明地膜与黑色地膜之间；具有明显的驱避蚜虫的作用，降低病毒病的发生。该膜幅宽70～300厘米，厚度0.008毫米，透光率30%～50%，质量达到国家标准。

（2）应用范围。作物夏秋季地面覆盖栽培。

（3）关键技术。在蔬菜、瓜果、棉花及烟草等夏秋季作物栽培时，根据作物的需要选择适宜的地膜宽度，按照作物要求进行地膜覆盖栽培。

该膜已在棉花上应用。其技术要求为：在造墒基础上，精细平整土地。播前每亩施优质有机肥2～3立方米、过磷酸钙60千克、尿素20千克、氯化钾15千克，为棉花增产打基础；播种前喷洒除草剂，以防杂草为害破坏覆膜效果。覆膜棉花采用大小行种植，大行行距60厘米，小行行距40厘米，使用90厘米宽幅膜覆盖在大行上，棉花播种覆膜机进行播种覆膜一体化作业。常规田间管理。或者采用140厘米+55厘米+30厘米，接行60厘米，株距13厘米。常规田间管理。

（4）注意事项。一是根据不同地区及作物要求，选择适宜规格的地膜；二是不宜用于越冬和早春栽培作物；三是在杂草较重的区域，应在喷除草剂后再覆膜。

4. 黑白双色地膜应用技术

（1）技术特点。黑白双色地膜透光率低，可有效抑制杂草，降低土壤温度，减缓因后期土壤温度过高而造成的根系早衰，有利于后期作物产量形成。该膜幅宽70~300厘米，厚度0.01毫米，透光率小于10%，地膜质量达到国家标准。

（2）应用范围。夏秋季蔬菜、瓜果等作物。

（3）关键技术。根据作物的需要选择适宜的地膜宽度，按照作物要求进行地膜覆，盖栽培。

（4）注意事项。一是根据不同地区及作物要求，选择适宜规格的地膜；二是不宜用于越冬和早春栽培作物；三是白色面向上。

5. 配色地膜应用技术

（1）技术特点。现在使用的配色地膜主要是由黑色条带和无色条带组成的多条带地膜。其中，黑色条带有除草效果，并可以适当降低膜下温度，而无色条带则具有升温快、土壤温度高等优点。常用的配色地膜多为3条带或5条带组成。

（2）应用范围。早春或秋季马铃薯、玉米、花生、蔬菜、果树、棉花及烟草等作物的栽培。

（3）关键技术。幅宽70~300厘米，厚度0.01毫米，无色部分透光率>90%，黑色部分透光率<20%，地膜质量达到国家标准。根据作物的需要选择适宜的地膜规格，按照作物要求进行地膜覆盖栽培。目前已在花生、马铃薯和烟草等作物上得到广泛应用。

①花生配色地膜覆盖栽培技术要点：先按照生产要求整地起垄，垄面宽50厘米，2垄中心距100厘米。适期适墒播种。每垄上播2行，小行距25厘米，穴距16厘米，密度为8 000~10 000穴/亩，每穴2粒。起垄前每亩均匀撒施三元复合肥40千克左右，整个生育期间一般不浇水。播种后，覆盖地膜。配色地膜选择3条带地膜，膜宽90厘米。中间条带为无色，宽度以30厘米为宜（保证2行花生均种在无色条带下，以提高地温，保障早出苗），两侧均为宽度为30厘米的黑色条带，无色条带要与垄向平行并盖在花生种子的正上方。

②马铃薯配色地膜覆盖栽培技术要点：单垄单行栽培宜选择宽度为70厘米的配色地膜，中间条带为无色，无色条带宽度为20~25厘米。单垄双行栽培宜选择宽度为90厘米，条带宽度25厘米、13厘米、14厘米、13厘米、25厘米的5条带地膜，其中，13厘米条带为无色条带，其余条带为黑色条带，马铃薯种植在无色条带下。单薯块点播，同步施肥，铺设滴灌带（每垄中间放1条），覆膜，不用除草剂。薯块播种前采用杀虫剂与杀菌剂处理。其他管理参照马铃薯高产栽培技术。

③烟草配色地膜覆盖栽培技术要点：提前育苗，适期移栽。先起垄，垄中间开沟移栽烟苗；移栽后，立即覆盖中间条带为黑色、两侧为无色的3条带配色地膜。烟苗栽植在黑色条带下，可减少烧苗、提高成活率、保证移栽质量；两侧的无色条带有利于提高膜下温度。中间黑色条带的宽度以20~30厘米为宜。

（4）注意事项。一是根据不同地区及作物要求，选择适宜规格的地膜；二是该地膜不宜用于越冬栽培作物。

6. 银黑双色地膜应用技术

（1）技术特点。银黑双色地膜是采用双层共挤技术，在聚乙烯原料中，一层加入含铝的银灰色母粒，另一层加入炭黑母粒，经挤出吹塑而成，厚度0.01～0.02毫米。银黑双色地膜透光率在10%以下，具有保墒、反光、驱避蚜虫、降低地温等功能。主要用于夏秋季高温期间降温、防蚜、防病栽培。幅宽70～300厘米，地膜质量达到国家标准。

（2）应用范围。用于夏秋季节园艺作物覆盖栽培。

（3）关键技术。根据作物的需要选择适宜的地膜宽度，按照作物要求进行地膜覆盖栽培。

目前，该地膜在果园覆盖防草补光等方面应用较广泛。覆膜时间以春季较好，趁地温回升雨后追肥或浇水以后及时覆膜。一般覆膜时间不能迟于5月底，以便能够更好地发挥覆膜的效果。覆盖方法主要有了种：全园覆盖、株间覆盖、树盘覆盖。其中，全园覆盖是用银黑双色地膜按树冠大小铺满，直到树干基部；株间覆盖是在树干的两侧、按树冠的长度覆盖地膜，宽度90～120厘米；树盘覆盖仅将该膜覆盖在树盘周围。该膜在管理细致的情况下可保持1～2年再进行更换。

（4）注意事项。一是根据不同地区及作物要求，选择适宜规格的地膜；二是注意果树树干周围空开一定的距离，并用土压实，防止膜下热气烧伤树干；三是地膜覆盖时，银灰面向上。

7. 透明防菌地膜应用技术

（1）技术特点。透明防菌地膜是在聚乙烯树脂加入一定量的银粉、辣椒粉、花椒粉等抑菌材料，对微生物具有抑制作用的农用地膜。幅宽70～300厘米，厚度0.01毫米，透光率75%以上，地膜强度达到普通地膜国家标准要求。

（2）应用范围。早春或秋季蔬菜和瓜果等高值作物栽培。

（3）关键技术。根据作物的需要选择适宜的地膜宽度，按照作物要求进行地膜覆盖栽培。

该膜已在绿菜花上进行了试验示范，其关键技术是：在造墒基础上，精细平整土地。肥料施用和田间管理按照高产管理进行。每亩施复合肥50千克（N：P_2O_5：K_2O=12：13：20）做基肥，开花期追施蔬菜专用冲施肥20千克。起垄栽培，垄宽40厘米，垄高25厘米，每垄种植1行，行距65厘米，株距40厘米。采用有苗移栽。移栽前将70厘米的透明防菌地膜覆盖在垄上，然后，按照行株距打孔移栽绿菜花。

（4）注意事项。一是根据不同地区及作物要求，选择适宜规格的地膜；二是透明防菌地膜防菌功能有一定的保质期，应在保质期内使用。

8. 生物降解地膜应用技术

（1）技术特点。生物降解地膜在地表暴晒和地下填埋时均可完全降解，最终降解产物为二氧化碳和水。降解地膜开始降解的表观特征是出现小孔或开裂，力学性能是伸长率下降。降解地膜在具有增温、保水、保肥、改善土壤理化性质的前提下，可避免土壤污染。降解地膜分为均一型和条带型。均一型降解地膜由同一降解配方制作而成；而条带型降解地膜由降解配方不同的多个条带组成，一般为了条带。幅宽70~250厘米，厚度0.008~0.015毫米。

（2）应用范围。地膜难以回收地块或高值作物有机栽培。

（3）关键技术。根据作物的需要选择适宜的地膜宽度，按照作物要求进行地膜覆盖栽培。目前已在大蒜、花生进行了试验示范，其技术要求如下。

①大蒜降解地膜（均一型）覆盖栽培技术要点：先按照生产

要求整地。大蒜要适期晚播，错开前期的高温，一方面可以使降解地膜维持功能期；另一方面可以减轻病虫害。山东地区一般以10月10日左右播种为宜。行距18厘米左右，株距15厘米左右。大蒜选用高产抗病品种，其他管理措施按当地高产地膜大蒜管理规程进行。播种后，喷施大蒜专用除草剂，然后覆盖地膜。降解地膜选择均一型，膜宽根据畦宽选择。降解膜要求全生育期无明显降解，或者仅收获前20天内有点状降解，否则，不能满足大蒜对温度的要求，造成减产。

②花生降解地膜（条带型）覆盖栽培技术要点：先按照生产要求整地起垄，垄面宽50厘米，2垄中心距100厘米。适期适墒播种。每垄播2行，小行距25厘米，穴距16厘米，密度为8 000～10 000穴/亩，每穴2粒。起垄前每亩均匀撒施三元复合肥40千克，整个生育期间一般不浇水。播种后覆盖地膜。降解地膜选择3条带地膜，膜宽90厘米。中间条带为短寿命降解条带（降解期以60～80天为宜），宽度以30厘米为宜，两侧均为宽度为30厘米的长寿命降解条带（以生育期不降解或刚开始降解为宜）。

（4）注意事项。一是选择适合作物降解期要求的地膜；二是地膜要盖严、压实，防止风吹撕裂；三是生物降解地膜有一定的保质期，应在保质期内使用。

第五章 绿色能源主推技术

一、户用沼气安全生产注意事项

①在建沼气池过程中，若遇处理地下水需用抽水泵抽水的，必须注意用电安全，防止漏电事故发生。

②拆砖模时必须戴上安全帽和帆布手套，以防被砸伤。

③沼气池建好后，所有活动盖必须盖牢，钢筋提手必须摆平，以防人畜掉入池中或被磕拌摔伤。

④正在使用的沼气池，严禁随意开盖入池，以防缺氧发生窒息事故。一旦发生池内人员沼气中毒昏倒，应立即采用人工办法向池内输入新鲜空气，切不可盲目下池抢救，以免发生连续窒息中毒事故。将解救上来的窒息人员抬到地面避风处，解开衣服，注意保暖，并就近送医院抢救。

⑤沼气池若需检修，必须报告村或镇级沼气管理人员，并上报县区农村能源部门，请专业的沼气技工维修。

⑥启动运行过程中的放气试火，应在沼气灶具上进行。严禁在沼气池导气管或输气管路上试火。

⑦沼气灶附近不可堆放柴草及其他易燃物。

⑧经常检查输气管道及配件有无漏气现象，如有老化、破裂应及时更换；室内嗅到沼气的臭鸡蛋味时，要立即打开门窗通风，待气味散尽后，立即检查漏气部位，检修好后方可用气。

⑨进沼气灶的导气管应远离沼气灶火源，建议从灶台底部进入沼气灶，以防引发火灾；因燃烧沼气发生火灾时，应立即堵住导气管，截断气源。

⑩在烧火时，严禁出料，防止出料后池内产生的负压将火苗吸入输气管道内，引起火灾甚至爆炸。

⑪沼气净化器脱硫剂要定期再生、更换，以防脱硫效果不好增加室内空气中的有毒成分。

⑫当气温达37℃以上时，11：00—16：00时段不得安排室外露天作业。

二、秸秆综合利用技术

1.秸秆肥料化利用技术

（1）秸秆直接还田技术。

①秸秆机械混埋还田技术：秸秆机械化混埋还田技术，就是用秸秆切碎机械将摘穗后的玉米、小麦、水稻等农作物秸秆就地粉碎，均匀地抛撒在地表，随即采用旋耕设备耕翻入土，使秸秆与表层土壤充分混匀，并在土壤中分解腐烂，达到改善土壤的结构、增加有机质含量、促进农作物持续增产的一项简便易操作的适用技术。

②秸秆机械翻埋还田技术：秸秆机械翻埋还田技术就是用秸秆粉碎机将摘穗后的农作物秸秆就地粉碎，均匀抛撒在地表，随即翻耕入土，使之腐烂分解，有利于把秸秆的营养物质完全地保留在土壤里，增加土壤有机质含量、培肥地力、改良土壤结构，并减少病虫为害。

③秸秆覆盖还田技术：秸秆覆盖还田技术指在农作物收获前，套播下茬作物，将秸秆粉碎或整秆直接均匀覆盖在地表，或在作物

收获秸秆覆盖后，进行下茬作物免耕直播的技术，或将收获的秸秆覆盖到其他田块，从而起到调节地温、减少土壤水分的蒸发、抑制杂草生长、增加土壤有机质的作用，而且能够有效缓解茬口矛盾、节省劳力和能源、减少投入。覆盖还田一般分5种情况：一是套播作物，在前茬作物收获前将下茬作物撒播田间，作物收获时适当留高茬秸秆覆盖于地表；二是直播作物，在播种后、出苗前，将秸秆均匀铺盖于耕地土壤表面；三是移栽作物如油菜、红薯、瓜类等，先将秸秆覆盖于地表，然后移栽；四是夏播宽行作物如棉花等，最后1次中耕除草施肥后再覆盖秸秆；五是果树、茶桑等，将农作物秸秆取出，异地覆盖。

（2）秸秆腐熟还田技术。添加腐熟剂秸秆还田技术是通过接种外源有机物料腐解微生物菌剂（简称为腐熟剂），充分利用腐熟剂中大量木质纤维素降解菌，快速降解秸秆木质纤维物质，最终在适宜的营养、温度、湿度、通气量和pH值条件下，将秸秆分解矿化成为简单的有机质、腐殖质以及矿物养分。它包括两种方法，一是在秸秆直接还田时接种有机物料腐解微生物菌剂，促进还田秸秆快速腐解；二是将秸秆堆积或堆沤在田头路旁，接种有机物料腐解微生物菌剂，待秸秆基本腐熟（腐烂）后再还田。

（3）秸秆生物反应堆技术。秸秆通过加入微生物菌种、催化剂和净化剂，在通氧（空气）的条件下，被重新分解为二氧化碳、有机质、矿物质、非金属物质，并产生一定的热量和大量抗病虫的菌孢子，继而通过一定的农艺设施把这些生成物提供给农作物，使农作物更好地生长发育。

（4）秸秆有机肥生产技术。秸秆有机肥生产就是利用速腐剂中菌种制剂和各种酶类在一定湿度（秸秆持水量65%）和一定温度下（50~70℃）剧烈活动，释放能量，一方面将秸秆的纤维素很快分解；另一方面形成大量菌体蛋白，为植物直接吸收或转化为腐殖质。通过创造微生物正常繁殖的良好环境条件，促进微生物代谢进程，加速有机物料分解，放出并聚集热量，提高物料温度，杀灭病原菌和寄生虫卵，获得优质的有机肥料。

2. 秸秆饲料化利用技术

（1）秸秆青（黄）贮技术。秸秆青贮的就是在适宜的条件下，通过给有益菌（乳酸菌等厌氧菌）提供有利的环境，使嗜氧性微生物如腐败菌等在存留氧气被耗尽后，活动减弱及至停止，从而达到抑制和杀死多种微生物、保存饲料的目的。由于在青贮饲料中微生物发酵产生有用的代谢物，使青贮饲料带有芳香、酸、甜等的味道，能大大提高食草牲畜的适口性。

（2）秸秆碱化/氨化技术。氨化秸秆的作用机理有3个方面：一是碱化作用。可以使秸秆中的纤维素、半纤维素与木质素分离，并引起细胞壁膨胀，结构变得疏松，使反刍家畜瘤胃中的瘤胃液易于渗入，从而提高了秸秆的消化率。二是氨化作用。氨与秸秆中的有机物生成醋酸铵，这是一种非蛋白氮化合物，是反刍动物的瘤胃微生物的营养源，它能与有关元素一起进一步合成菌体蛋白质，而被动物吸收，从而提高秸秆的营养价值和消化率。三是中和作用。氨能中和秸秆中潜在的酸度，为瘤胃微生物的生长繁殖创造良好的环境。

（3）秸秆压块（颗粒）饲料加工技术。秸秆压块饲料是指将各种农作物秸秆经机械铡切或揉搓粉碎之后，根据一定的饲料配方，与其他农副产品及饲料添加剂混合搭配，经过高温高压轧制而成的高密度块状饲料。秸秆压块饲料加工可将维生素、微量元素、非蛋白氮、添加剂等成分强化进颗粒饲料中，使饲料达到各种营养元素的平衡。

（4）秸秆揉搓丝化加工技术。秸秆经过切碎或粉碎后，便于牲畜咀嚼，有利于提高采食量，减少秸秆浪费。但秸秆粉碎之后，缩短了饲料（草）在牲畜瘤胃内的停留时间，引起纤维物质消化率降低和反刍现象减少，并导致瘤胃pH值下降。所以，秸秆的切碎和粉碎不但会影响分离率和利用率，而且对牲畜的生理机能也有一定影响。秸秆揉搓丝化加工不仅具备秸秆切碎和粉碎处理的所有优点，而且分离了纤维素、半纤维素与木质素，同时，由于秸秆丝较长，能够延长其在瘤胃内的停留时间，有利于牲畜的消化吸收，从而达到既提高秸秆采食率，又提高秸秆转化率的双重功效。

（5）秸秆微贮技术。将经过机械加工的秸秆贮存在一定设施（水泥池、土窖、缸、塑料袋等）内，通过添加微生物菌剂进行微生物发酵处理，使秸秆变成带有酸、香、酒味，家畜喜食的粗饲料的技术称为秸秆微生物发酵贮存技术，简称秸秆微贮技术。根据贮存设施的不同，秸秆微贮的方法主要有：水泥窖微贮法、土窖微贮法、塑料袋微贮法、压捆窖内微贮法等4种。

3. 秸秆基料化利用技术

（1）秸秆基料食用菌种植技术。秸秆基料（基质）是指以秸秆为主要原料，加工或制备的主要为动物、植物及微生物生长提供良好条件，同时，也能为动物、植物及微生物生长提供一定营养的有机固体物料。麦秸、稻草等禾本科秸秆是栽培草腐生菌类的优良原料之一，可以作为草腐生菌的碳源，通过搭配牛粪、麦麸、豆饼或米糠等氮源，在适宜的环境条件下，可栽培出美味可口的双孢蘑菇和草菇等。

（2）秸秆植物栽培基质技术。秸秆植物栽培基质制备技术，是以秸秆为主要原料，添加其他有机废弃物以调节C/N比、物理性状（如孔隙度、渗透性等），同时，调节水分使混合后物料含水量在60%～70%，在通风干燥防雨环境中进行有氧高温堆肥，使其腐殖化与稳定化。良好的无土栽培基质的理化性质应具有以下特点。

①可满足种类较多的植物栽培，且满足植物各个时期生长需求。

②有较轻的容重，操作方便，有利于基质的运输。

③有较大的总孔隙度，吸水饱和后仍保持较大的通气孔隙度，可为根系提供足够的氧气。

④绝热性能良好，不会因夏季过热、冬季过冷而损伤植物根系。

⑤吸水量大、持水力强。

⑥本身不带土传病虫害。

4. 秸秆燃料化利用技术

（1）秸秆固化成型技术。秸秆固体成型燃料就是利用木质素充当黏合剂将松散的秸秆等农林剩余物挤压成颗粒、块状和棒状等成型燃料，具有高效、洁净、点火容易、二氧化碳零排放、便于贮运和运输、易于实现产业化生产和规模应用等优点，是一种优质燃料，可为农村居民提供炊事、取暖用能，也可以作为农产品加工业（粮食烘干、蔬菜、烟叶等）、设施农业（温室）、养殖业等不同规模的区域供热燃料，另外，也可以作为工业锅炉和电厂的燃料，替代煤等化石能源。

（2）秸秆热解气化技术。

①秸秆气化技术：该技术是以生物质为原料，以氧气（空气、富氧或纯氧）、水蒸气或氢气等作为气化剂（或称气化介质），在高温条件下通过热化学反应将生物质中可燃的部分转化为可燃气的过程。生物质气化时产生的气体，主要有效成分为 CO、H_2 和 CH_4 等，称为生物质燃气。

②秸秆干馏技术：该技术是将秸秆经烘干或晒干、粉碎，在

干馏釜中隔绝空气加热，制取醋酸、甲醇、木焦油抗聚剂、木馏油和木炭等产品的方法，也称秸秆炭气油多联产技术。通过秸秆干馏生产的木炭可称之为机制秸秆木炭或机制木炭。根据温度的不同，干馏可分为低温干馏（温度为500～580℃）、中温干馏（温度为660～750℃）和高温干馏（温度为900～1 100℃）。100千克秸秆能够生产秸秆木炭30千克、秸秆醋液50千克、秸秆气体18千克。生物质的热裂解及气化还可产生生物炭，同时，可获得生物油及混合气。

③秸秆沼气生产技术：户用秸秆沼气生产技术。沼气是由多种成分组成的混合气体，包括甲烷（CH_4）、二氧化碳（CO_2）和少量的硫化氢（H_2S）、氢气（H_2）、一氧化碳（CO）、氮气（N_2）等气体，一般情况下，甲烷占50%～70%，二氧化碳占30%～40%，其他气体含量极少。户用秸秆沼气生产技术是一种以现有农村户用沼气池为发酵载体，以农作物秸秆为主要发酵原料的厌氧发酵沼气生产技术。

大中型秸秆沼气生产技术是指以农作物秸秆（玉米秸秆、小麦秸秆、水稻秸秆等）为主要发酵原料，单个厌氧发酵装置容积在300立方米以上的沼气生产技术。

5. 秸秆原料化利用技术

（1）秸秆人造板材生产技术。秸秆人造板是以麦秸或稻秸等秸秆为原料，经切断、粉碎、干燥、分选、拌以异氰酸酯胶黏剂、铺装、预压、热压、后处理（包括冷却、裁边、养生等）和砂光、检测等各道工序制成的一种板材。我国秸秆人造板已成功开发出麦秸刨花板，稻草纤维板，玉米秸秆、棉秆、葵花秆碎料板，软质秸秆复合墙体材料，秸秆塑料复合材料等多种秸秆产品。

（2）秸秆复合材料生产技术。秸秆复合材料就是以可再生秸秆纤维为主要原料，配混一定比例的高分子聚合物基料（塑料原料），通过物理、化学和生物工程等高技术手段，经特殊工艺处理后，加工成型的一种可逆性循环利用的多用途新型材料。这里所指秸秆类材料包括麦秸、稻草、麻秆、糠壳、棉秸秆、葵花秆、甘蔗渣、大豆皮、花生壳等，均为低值甚至负值的生物质资源，经过筛选、粉碎、研磨等工艺处理后，即成为木质性的工业原料，所以，秸秆复合材料也称为木塑复合材料。

（3）秸秆清洁制浆技术。

①有机溶剂制浆技术：有机溶剂法提取木质素就是充分利用有机溶剂（或和少量催化剂共同作用下）良好的溶解性和易挥发性，达到分离、水解或溶解植物中的木质素，使得木质素与纤维素充分、高效分离的生产技术。生产中得到的纤维素可以直接作为造纸的纸浆；而得到的制浆废液可以通过蒸馏法来回收有机溶剂，反复循环利用，整个过程形成一个封闭的循环系统，无废水或少量废水排放，能够真正从源头上防治制浆造纸废水对环境的污染；而且，通过蒸馏可以纯化木质素，得到的高纯度有机木质素是良好的化工原料，也为木质素资源的开发利用提供了一条新途径，避免了传统造纸工业对环境的严重污染和对资源的大量浪费。近年来，有机溶剂制浆中研究较多的、发展前景良好的有机醇和有机酸法制浆。

②生物制浆技术：生物制浆是利用微生物所具有的分解木素的能力，来除去制浆原料中的木素，使植物组织与纤维彼此分离成纸浆的过程。生物制浆包括生物化学制浆和生物机械制浆。生物化学法制浆是将生物催解剂与其他助剂配成一定比例的水溶液后，其中的酶开始产生活性，将麦草等草类纤维用此溶液浸泡后，溶液中的活性成分会很快渗透到纤维内部，对木素、果胶等非纤维成分进行降解，将纤维分离。

（4）DMC清洁制浆技术。在草料中加入DMC催化剂，使木质素状态发生改变，软化纤维，同时，借助机械力的作用分离纤维；此过程中纤维和半纤维素无破坏，几乎全部保留。DMC催化剂（制浆过程中使用）主要成分是有机物和无机盐，其主要作用是软化纤维素和半纤维素，能够提高纤维的柔韧性，改性木质素（降低污染负荷）和分离出胶体和灰分。DMC清洁制浆法技术与传统技术工艺与设备比较具有"三不"和"四无"的特点。"三不"：一是不用愁"原料"（原料适用广泛）；二是不用碱；三是不用高温高压。"四无"：一是无蒸煮设备；二是无碱回收设备；三是无污染物（水、气、固）排放；四是无二次污染。

（5）秸秆块墙体日光温室构建技术。秸秆块墙体日光温室是一种利用压缩成型的秸秆块作为日光温室墙体材料的农业设施。秸秆块是以农作物秸秆为原料，经成型装备压缩捆扎而成，秸秆块墙体是以钢结构为支撑，秸秆块为填充材料，外表面安装防护结构，内表面粉刷蓄热材料（或不粉刷）而成的复合型结构墙体。秸秆块墙体既具有保温蓄热性，还有调控温室内空气湿度、补充温室内二氧化碳等功效。

（6）秆容器成型技术。秸秆容器成型技术，就是利用粉碎后的小麦、水稻、玉米等农作物秸秆（或预处理）为主要原料，添加一定量的胶黏剂及其他助剂，在高速搅拌机中混合均匀，最后在秸秆容器成型机中压缩成型冷却固化的过程，形成不同形状或用途秸秆产品的技术。与塑料盆钵相当，秸秆盆钵强度远高于塑料盆钵，且具有良好的耐水性和韧性，产品环保性能达到国家室内装饰材料环保标准（E1级）。秸秆盆钵一般可使用2～3年，使用期间不开裂，无霉变，废弃后数年内可完全降解，无有毒有害残留。陈旧秸秆盆钵加以回收，经破碎与堆肥处理，制成有机肥或花卉栽培基质，可以实现循环再利用。秸秆容器技术不仅提供了秸秆利用途径，还有利于循环、生态和绿色农业的发展。

三、生态循环农业技术模式

1.种养加功能复合模式

种养加功能复合模式是以种植业、养殖业、加工业为核心的种、养、加功能复合循环农业经济模式。该模式依托当地优质猪、牛、鸡等养殖资源和杂粮、蔬菜、林果等种植资源，以农产品加工龙头企业为主体，采取"龙头企业+专业合作社、农户"组织运行方式，大力发展种植——养殖——农产品深加工循环经济模式，延伸价值链条，推动当地特色农业产业发展。该模式的特点是以企业为组织单元。采用新型的产业化组织方式，以产业链延伸为特征，以科技支撑为依托，通过合同、契约、股份制等形式与其他经营实体及农户连成互惠互利的产业纽带。采用清洁生产方式，实现农业规模化生产、加工增值和副产品综合利用。通过该模式的实施，可整合当地的种植、养殖、加工优势资源，实现产业集群发展，提升当地农业经济整体实力，有助于打造当地优势农产品品牌。

2.立体复合循环模式

立体复合循环模式，即以蚕桑业、种植业、养殖业为核心的丘陵山地立体复合循环农业经济模式。该模式依托当地优质蚕桑资源和产业基础，以龙头企业为主体，采取"龙头企业+农户"组织运行方式，大力发展蚕桑养殖业、林下种植及养殖业，合理利用自然资源、生物资源和劳动资源。通过该模式的实施，可有效缓解该地区水、土资源短缺问题，提升农业经济整体效益。

3.以秸秆为纽带的循环模式

以秸秆为纽带的农业循环经济模式，即围绕秸秆饲料、燃料、基料化综合利用，以种植、养殖龙头企业为主体，构建"秸秆—基料—食用菌""秸秆—成型燃料—燃料—农户""秸秆—青贮饲料—养殖业"产业链，推动循环农业发展。通过该模式的实施，可实现当地秸秆资源化逐级利用和污染物零排放，使秸秆废弃物资源得到合理有效利用、节本增效，解决秸秆任意丢弃焚烧带来的环境污染和资源浪费问题。同时，获得清洁能源、有机和生物基料，实现农业节本增效。

4. 以畜禽粪便为纽带的循环模式

以畜禽粪便为纽带的农业循环经济模式，即围绕畜禽粪便燃料、肥料化综合利用，以养殖龙头企业为主体，采取"公司+基地+农户"的组织方式，应用畜禽粪便沼气工程技术、畜禽粪便高温好氧堆肥技术，配套设施农业生产技术、畜禽标准化生态养殖技术、特色林果种植技术，构建"畜禽粪便—沼气工程—燃料—农户""畜禽粪便—沼气工程—沼渣、沼液—果（菜）""畜禽粪便—有机肥—果（菜）"产业链，推动当地养殖业、种植业发展。通过该模式的实施，可实现当地畜禽粪便资源化逐级利用和污染物零排放，使畜禽粪便废弃物资源得到合理有效利用，解决畜禽粪便任意排放带来的环境污染和资源浪费等问题。同时，获得清洁能源和有机肥料，促进农业农村经济的可持续发展。

5. 创意农业循环经济模式

创意旅游循环经济模式，即以农业资源为基础，以文化为灵魂，以创意为手段，以产业融合为路径，通过农业与文化的融合、产品与艺术的结合、生产与生活的结合，将传统农业的第一产业业态升华为一、二、三产业高度融合的新型业态，拓展了农业功能，将以生产功能为主的传统农业转化为兼具生产、生活和文化功能的综合性产业。通过该模式的实施，可实现当地旅游产业快速发展，提升其整体实力，促进当地一、二、三产业的快速发展。

四、国内 30 种休闲农业模式

1. 田园农业游

以大田农业为重点，开发欣赏田园风光、观看农业生产活动、品尝和购置绿色食品、学习农业技术知识等旅游活动，以达到了解和体验农业的目的。如上海市孙桥现代农业观光园，北京市顺义"三高"农业观光园。

2. 园林观光游

以果林和园林为重点，开发采摘、观景、赏花、踏青、购置果品等旅游活动，让游客观看绿色景观，亲近美好自然。如四川省泸州张坝桂园林。

3. 农业科技游

以现代农业科技园区为重点，开发观看园区高新农业技术和品种、温室大棚内设施农业和生态农业，使游客增长现代农业知识。如北京市小汤山现代农业科技园。

4. 务农体验游

通过参加农业生产活动，与农民同吃、同住、同劳动，让游客接触实际的农业生产、农耕文化和特殊的乡土气息。如广东省高要广新农业生态园。

5. 农耕文化游

利用农耕技艺、农耕用具、农耕节气、农产品加工活动等，开展农业文化旅游。如新疆维吾尔自治区吐鲁番坎儿井民俗园。

6. 民俗文化游

利用居住民俗、服饰民俗、饮食民俗、礼仪民俗、节令民俗、游艺民俗等，开展民俗文化游。如山东省日照任家台民俗村。

7. 乡土文化游

利用民俗歌舞、民间技艺、民间戏剧、民间表演等，开展乡土文化游。如湖南省怀化荆坪古文化村。

8. 民族文化游

利用民族风俗、民族习惯、民族村落、民族歌舞、民族节日、民族宗教等，开展民族文化游。如西藏自治区拉萨娘热民俗风情园。

9. 农业观光农家乐

利用田园农业生产及农家生活等，吸引游客前来观光、休闲和体验。如四川省成都龙泉驿红砂村农家乐、湖南省益阳花乡农家乐。

10. 民俗文化农家乐

利用当地民俗文化，吸引游客前来观赏、娱乐、休闲。如贵州省郎德上塞的民俗风情农家乐。

11. 民居型农家乐

利用当地古村落和民居住宅，吸引游客前来观光旅游。如广西壮族自治区阳朔特色民居农家乐。

12. 休闲娱乐农家乐

以优美的环境、齐全的设施，舒适的服务，为游客提供吃、住、玩等旅游活动。如四川省成都碑县农科村农家乐。

13. 食宿接待农家乐

以舒适、卫生、安全的居住环境和可口的特色食品，吸引游客前来休闲旅游。如江西省景德镇的农家旅馆、四川省成都乡林酒店。

14. 农事参与农家乐

以农业生产活动和农业工艺技术，吸引游客前来休闲旅游。

15. 古民居和古宅院游

大多数是利用明、清两代村镇建筑来发展观光旅游。如山西省王家大院和乔家大院、福建省闽南土楼。

16. 民族村寨游

利用民族特色的村寨发展观光旅游。如云南省瑞丽傣族自然村、红河哈尼族民俗村。

17. 古镇建筑游

利用古镇房屋建筑、民居、街道、店铺、古寺庙、园林来发展观光旅游。如山西平遥、云南丽江、浙江南浔、安徽徽州镇。

18. 新村风貌游

利用现代农村建筑、民居庭院、街道格局、村庄绿化、工农企业来发展观光旅游。如北京市韩村河、江苏省华西村、河南省南街。

19. 休闲度假村

以山水、森林、温泉为依托，以齐全、高档的设施和优质的服务，为游客提供休闲、度假旅游。如广东省梅州雁南飞茶田度假村。

20. 休闲农庄

以优越的自然环境、独特的田园景观、丰富的农业产品、优惠的餐饮和住宿，为游客提供休闲、观光旅游。如湖北省武汉谦森岛庄园。

21. 乡村酒店

以餐饮、住宿为主，配合周围自然景观和人文景观，为游客提供休闲旅游。如四川省郫县友爱镇农科村乡村酒店。

22. 农业科技教育基地

在农业科研基地的基础上，利用科研设施作景点，以高新农业技术为教材，向农业工作者和中、小学生进农业技术教育，形成集农业生产、科技示范、科研教育为一体的新型科教农业园。如北京市昌平区小汤山现代农业科技园、陕西省杨凌全国农业科技农业观光园。

23. 观光休闲教育农业园

利用当地农业园区的资源环境，现代农业设施、业经营活动、农业生产过程、优质农产品等，开展农业观光、参与体验，DIY教育活动。如广东省高明蔼雯教育农庄。

24. 少儿教育农业基地

利用当地农业种植、畜牧、饲养、农耕文化、农业技术等，让中、小学生参与休闲农业活动，接受农业技术知识的教育。

25. 农业博览园

利用当地农业技术、农业生产过程、农业产品、农业文化进行展示，让游客参观。如沈阳市农业博览园、山东省寿光生态农业博览园。

26. 森林公园

以大面积人工林或天然林为主体而建设的公园。森林公园是一个综合体，它具有建筑、疗养、林木经营等多种功能，同时，也是一种以保护为前提利用森林的多种功能为人们提供各种形式的旅游服务的可进行科学文化活动的经营管理区域。

27. 湿地公园

湿地公园是指以水为主题的公园。以湿地良好生态环境和多样化湿地景观资源为基础，以湿地的科普宣教、湿地功能利用、弘扬湿地文化等为主题，并建有一定规模的旅游休闲设施，可供人们旅游观光、休闲娱乐的生态型主题公园。

28. 水上乐园

水上乐园是一处大型旅游场地，是主题公园的其中一种，多数娱乐设施与水有关，属于娱乐性的人工旅游景点。有游泳池，人工冲浪，水上橡皮筏等。

29. 露营地

露营地就是具有一定自然风光的，可供人们使用自备露营设施如帐篷、房车或营地租借的小木屋、移动别墅、房车等外出旅行短时间或长时间居住、生活，配有运动游乐设备并安排有娱乐活动、演出节目的具有公共服务设施，占有一定面积，安全性有保障的娱乐休闲小型社区。

30. 自然保护区

不管保护区的类型如何，其总体要求是以保护为主，在不影响保护的前提下，把科学研究、教育、生产和旅游等活动有机地结合起来，使它的生态、社会和经济效益都得到充分展示。

下 篇

分 论

第六章　小麦绿色高效生产技术

一、小麦宽幅精播技术

冬小麦宽幅精播高产栽培技术是对小麦精量播种高产栽培技术的延续和发展，实现了农艺与农机相结合，其核心"扩大行距，扩大播幅，健壮个体，提高产量"。有利于提高个体发育质量，构建合理群体；对小麦前期促蘖，中期促穗，后期攻粒具有至关重要的作用和效果。

技术要点

①选用有高产潜力、分蘖成穗率高，中等穗型或多穗型品种。

②坚持深耕深松、耕耙配套，重视防治地下害虫，耕后撒毒饼或辛硫磷颗粒灭虫，提高整地质量，杜绝以旋代耕。

③采用宽幅精量播种机播种，改传统小行距（15～20厘米）密集条播为等行距（22～26厘米）宽幅播种，改传统密集条播籽粒拥挤一条线为宽播幅（8厘米）种子分散式粒播，有利于种子分布均匀，无缺苗断垄、无疙瘩苗，克服了传统播种机密集条播，籽粒拥挤，争肥，争水，争营养，根少、苗弱的生长状况。

④坚持适期适量足墒播种，播期10月1—12日，播量6～8千克/亩。

⑤冬前每亩群体大于70万苗时采用深耘断根，有利于根系下扎，健壮个体。浇好冬水，确保麦苗安全越冬。

⑥早春划锄增温保墒，提倡返青初期搂枯黄叶，扒苗青棵，以扩大绿色面积，使茎基部木质坚韧，富有弹性，提高抗倒伏能力。科学运筹春季肥水管理。

⑦后期重视叶面喷肥，延缓植株衰老，注意及时防治各种病虫害。

二、小麦规范化播种技术

1. 耕作整地与造墒

一是耕翻与耙耢、镇压相结合。连续多年种麦前只旋耕不耕翻的麦田，应旋耕2～3年，深耕翻1年，破除犁底层。耕翻后及时耙耢2～3遍。二是酌情造墒。一般播种前0～20厘米土层保持土壤水分占田间最大持水量的70%～80%，不足的应灌水造墒或播种后及时浇蒙头水。

2. 品种选用

一是根据气候条件，选用品种种植。二是根据生产水平选用良种。在旱薄地应选用抗旱耐瘠品种；在土层较厚、肥力较高的旱肥地，应种植抗旱耐肥的品种；在肥水条件良好的高产田，应选用丰产潜力大的耐肥、抗倒品种。进行种子包衣或药剂拌种。

3. 肥料运筹

一是采用秸秆还田。玉米秸秆还田要机械粉碎两遍，耕翻或旋耕后要耙耢和镇压，避免土壤悬松造成播种过深或干旱、受冻死苗。二是科学施用化肥。氮、磷、钾肥配合施用，氮肥底施与追施相结合。一般田底肥与追肥各半，高产田底肥40%，追肥60%。

4. 适期播种

根据高产要求的小麦冬前总茎数、基本苗、单株分蘖数、冬前积温确定小麦播种期，要在制订的播种期播种，冬前能达到计划每亩总茎数，做到冬前群体适宜。要考虑品种的冬春性，春性品种适当晚播。

5. 适量播种

根据品种分蘖成穗特性、播种期和土壤肥力水平确定播种量。一般适期播种、高产麦田或成穗率高的品种每亩10万～12万基本苗，中产麦田或成穗率低的品种每亩13万～18万基本苗。晚播麦田适当增加基本苗。

6. 播后镇压

小麦播种后适时搞好镇压，此项措施虽然简单，但效果却非常显著，尤其是秸秆还田地块，效果更加明显。播后镇压可以有效地碾碎坷垃、踏实土壤、增强种子与土壤的接触度，提高出苗率，起到既抗旱又抗寒的作用。小麦播后镇压一是要掌握时机，应在播后，地表出现干意时进行，做到暄土镇压，过早易使土壤表层被压僵，过晚影响小麦出苗。

三、小麦氮肥后移技术

小麦氮肥一般分为两次施用，第一次为小麦播种前随耕地将一部分氮肥耕翻于地下，称为底肥；第二次为结合春季浇水进行的春季追肥。传统小麦栽培中，底肥一般占60%～70%，追肥占30%～40%；追肥时间一般在返青期至起身期。施肥时间和底追比例使氮肥重施在小麦生育前期，在高产田中，会造成麦田群体过大，无效分蘖多，小麦生育中期田间郁蔽，倒伏。小麦氮肥后移技术就是在小麦高产田中将追施氮肥时间适当向后推迟，一般后移至拔节期（4月中旬），土壤肥力高的地片若种植的是分蘖成穗率高的品种可以移至拔节期至旗叶露尖时。同时，麦田底肥调整比例为30%～50%，追肥比例增加到50%～70%。该技术应在较高的土壤肥力条件下运用。且晚茬弱苗，群体不足等麦田，不宜采用。

四、小麦播后镇压技术

小麦播后镇压是保证小麦出苗质量，抵御旱灾、低温冻害的有效措施，是提高小麦产量的重要手段。

1. 播后镇压的意义

①有利于踏实土壤，粉碎坷垃，填实缝隙，增温保墒，避免跑风失墒。

②播种后镇压可以增强土壤与种子的密接程度，使种子容易吸收土壤水分，提高出苗率和整齐度，提高小麦抗旱抗冻能力。

③有利于小麦生长发育，促进分蘖和次生根增长。

④有利于降低基部节间长度，增强抗倒伏能力，促进大蘖生成，控制无效分蘖，增加亩穗数。

2. 镇压时间

播种后镇压的时机很重要：晴天、中午播种、墒情稍差的，要马上镇压；在早晨、傍晚或阴天播种，墒情好的可稍后镇压。墒情特别充足的，可在出苗前甚至出苗后择机镇压。黏性土壤潮湿时不宜镇压，否则容易造成表土板结，阻碍种子顶土出苗。对于墒情较差的壤土、沙壤土以及一般类型的土壤，最好是随播随镇压；对于土壤水分适宜的轻壤土，可在播后半天之内镇压；土质黏重或含水量较大的土壤，则应在播后地表稍干时进行轻镇压。

五、小麦水肥一体化技术

小麦水肥一体化技术是借助压力灌溉系统,将可溶性固体或液体肥料溶解在灌溉水中,按小麦的水肥需求规律,通过可控管道系统直接输送到小麦根部附近的土壤供给小麦吸收。其特点是能够精确地控制灌水量和施肥量,显著提高水肥利用率。水肥一体化常用形式有微喷、滴灌、渗灌、小管出流等,在山东省小麦上以微喷灌为主。因其具有节水、节肥、节地、增产、增效等优势,是一项应用前景广阔的现代农业新技术。各地要根据生产实际和农民需求,加大关键技术和配套产品研发力度。特别要进一步加强土壤墒情监测,掌握土壤水分供应和作物缺水状况,科学制定灌溉制度,全面推进测墒补灌。

六、小麦深松施肥播种镇压一体化种植技术

该技术是在玉米秸秆还田环境下,不进行耕翻整地作业,由专门机械1次进地能完成间隔深松、播种带旋耕、分层施肥、精量播种、播后镇压等多项作业,具有显著的节本、增效作用,符合绿色增产的要求。其优化集成的主要技术要点如下。

1. 播种带旋耕振动深松技术

在旋耕刀轴上装有播种带旋耕刀,每条播种带旋耕宽一般在20厘米,播种2行小麦,2条播种带之间不动地宽一般在20厘米。在旋耕刀轴后面,每组播种带旋耕刀中间,装有振动深松铲。变速箱两端的振动器动力轴上装有偏心套,偏心套通过连杆带动深松铲震动疏松土壤。深松铲的深松深度能在25～35厘米可调,一般每年调节2个铲的深松深度在30厘米左右,其他铲深松在25厘米左右,并每年调换深浅位置,这样既能减少动力消耗,又能每2～4年每条播种

带有一次深松深度达到30厘米以上。

2. 分层施肥技术

紧靠深松铲后面，前后有2根施肥管。底肥管紧靠深松铲之后，底肥分散施在两行小麦中间地下15～20厘米。紧靠底肥管后面1根为种肥管，种肥施在2行小麦中间，在种子下方3～5厘米。施肥管的位置是按深松25厘米安装的，若增加深松深度要相应上提施肥管。施肥量20～70千克可调，底肥施肥量一般占总施肥量的60%左右。

3. 平畦精量播种技术

在旋耕刀后挡板下方装有活动拖地的平土板，平土板起挡土、碎土和平整畦面的作用。播种管位于平土板之后，在平整的畦面上播种，从而保证了标准播深。每行小麦4～5厘米的苗带装有2套排种器和播种装置，使播下的种子均匀分布在苗带内，有效避免了缺苗断垄和疙瘩苗，达到了精密播种。

4. 浅沟防粘镇压技术

为增强苗带和深松部位的镇压效果，设计成大小直径相差6厘米左右的大小轮组合式镇压轮。镇压后形成苗带浅沟，有利于保墒和蓄积雨雪，并避免了高垄塌土压苗现象。在镇压轮上包有5毫米厚的橡胶皮，橡胶皮的弹性变性和塑料刮土板的配合，有效防止了镇压轮黏土。

5. 防缠防堵技术

第一是在旋耕刀轴上不旋耕的位置不留刀座，避免了缠草；第二是增加了播种带旋耕刀的密度，弯刀和直刀相结合，提高了碎土、碎秸和把秸秆分到两边的性能；第三是深松铲位于旋耕刀旋转半径内，施肥管又紧靠深松产，旋耕刀能有效防堵；第四是播种管前后两排分布，加大了秸秆通过空间，并且播种管下部向后弯曲，避免了挂草。还可选装圆盘式播种器，通过性能更好。

七、小麦一次性施肥技术

冬小麦一次性施肥减少了氮素的投入，对减缓氮素淋溶，降低地下水硝酸盐含量具有一定的作用，符合国家对药肥双减政策的要求。另外，该技术在上茬作物（多为玉米）收获并秸秆还田后立即进行，将施肥、播种、镇压一次完成，省去了人工施肥和机械耕翻整地及浅耙工序，播种进度可提前1天，大面积播种可提前3~5天，不会因其他原因耽误最佳播种期，为培育冬前壮苗争取了时间。同时，采用长效肥品种可适当节省小麦返青拔节期1次追肥操作，节省劳动力。平均每亩节省2~3个用工，亩增收100元以上，操作简便、易于推广。

八、小麦浇越冬水技术

小麦浇越冬水的好处主要有：一是保证小麦越冬期有适宜的水分供应，有利巩固冬前分蘖，促进新生分蘖，并兼有冬水春用、防止春旱的效果；二是提高土壤的导热性，可有效地缩小田间温度变幅，防止因温度剧烈升降造成冻害死苗；三是可以踏实土壤，冻融风化坷垃，弥补裂缝，消灭越冬害虫，有利于盘墩分蘖；四是对盐碱地起到压碱保苗作用和减轻土壤发生盐碱化。另外，浇越冬水还有促进微生物活动、加速有机肥料分解，满足小麦返青后生长的效果。

小麦浇越冬水适宜在日平均气温稳定在3℃左右时进行，时间是在11月下旬至12月初，夜冻昼消时浇完为宜。对于部分地力好，土壤结构好，长势旺，个体健壮的高产田可适当晚浇或不浇。单株分蘖在1.5~2个以上的麦田，浇越冬水比较适宜，一般弱苗特别是晚播的单根独苗，最好不要浇越冬水否则容易发生冻害；但可适当早浇返青水。浇越冬水水量以灌水后当天渗入土内为宜，切忌大水漫灌，以免造成冲、压、淹淤，伤害麦苗；并在浇越冬水后适时划锄松土，防止板结龟裂透风，伤根死苗。另外，需要注意的是，小麦浇越冬水水量不宜过大，以能浇透、当天渗完为宜。

九、小麦高低畦生产技术

小麦种植多以地下水灌溉（称为井灌区）为主，井灌区由于地下水位较深，水流速度慢，为便于浇水，实行小畦种植，通常起垄做畦，畦内种植，畦埂占地较多，1.5米宽的小畦，畦埂占到50厘米左右，造成很大的土地浪费，致使土地利用率不高，光热资源浪费，群体小限制了产量的提高，而且田间不能封垄，水分蒸发量大，畦埂上还会生长杂草。随着地下水的不断开采利用，地下水水位逐年降低，灌溉用水成为制约小麦产量的重要因素，节约用水、提高水分利用率是农业生产发展的方向。

1. 主要技术内容

小麦高低畦种植技术就是将传统的畦埂整平压实播种小麦，形成高低两个畦面，高畦与低畦均种植小麦，提高了土地利用率，亩穗数显著提高，实现增产。采取低畦浇水高畦渗灌，高畦地表不板结，相对容易保墒；高低畦栽培地表过水面积少，高畦土壤蒸发少、不宜失墒，因此，具有较好的节水效果。高低畦种植的小麦起身后地表全覆盖，减少杂草滋生，进而减轻病虫害对下茬作物的影响，减少除草剂用药次数与用量。

小麦增产节水高低畦种植技术通过专用的高低畦播种机械得以实现，对土地整理的要求，与传统种植方式相同。

2. 注意事项

应用小麦增产节水高低畦种植技术应注意以下几个方面的问题。

①小麦增产节水高低畦种植技术适合于井灌区小麦，不适合于轻度盐碱地小麦。

②要求土地平整，整地质量好，秸秆还田的地块，秸秆要切碎，然后深翻、旋耕再进行播种。

③于该技术提高了土地利用率，增加了播种面积，亩播量可以适当增加10%。

④播种墒情要好，墒情差时要造墒播种。

⑤小麦的播种行向应该是南北行向，不适合东西行向。东西行向播种时，会造成行间差异大，不能均衡生长，影响产量。

第七章　玉米绿色高效生产技术

一、玉米"一增四改"技术

1. 技术概述

合理增加玉米种植密度、改种耐密型品种、改套种为平播（直播）、改粗放用肥为配方施肥、改人工种植为机械化作业。

2. 技术要点

一增：合理增加玉米种植密度。根据品种特性和生产条件，因地制宜将现有耐密品种的种植密度增加500～1 000株/亩，使其达到4 000～4 500株/亩。

一改：改种耐密型高产品种。耐密型品种不完全等同于紧凑型品种，有些紧凑型品种并不耐密植。耐密植品种除了株型紧凑、叶片上冲外，还应具备小雄穗、坚茎秆、开叶距、低穗位和发达根系等形态特征。

二改：改套种为直播。平播有利于机械化作业，减少粗缩病等病虫害的发生，可以大幅度提高密度、单位面积穗数和产量，结合平播，可适当延迟玉米收获的时间。

三改：改粗放用肥为配方施肥。配方施肥要按照玉米养分需要和目标产量，结合当地土壤养分含量，合理搭配肥料种类和比例，结合施肥机械的改进，逐步实现化肥深施和长效缓释专用肥的应用。磷肥：每亩施五氧化二磷5～7千克，结合整地做底肥或拌种施入；钾肥：每亩施氯化钾4～5千克，做底肥或拌种，但不能秋施底肥；氮肥：每亩施纯氮7～10千克。其中30%～40%做底肥或种肥施用，另60%～70%做追肥施用。也可速效氮和缓释肥混合一次使用。

四改：改人工种植、收获等农事活动为机械化作业。玉米种植方式要适应机械作业，同时，各环节所购买机械的种植要求要符合统一标准，以利于播种、施肥、除草、收获等各个农事环节实施机械化作业。

二、玉米适期晚收技术

1. 玉米适当晚收的好处

一是延长籽粒灌浆时间，提高玉米产量。玉米从苞叶刚开始变黄的蜡熟初期，在适宜的范围内，每晚采收1天，玉米的千粒重就能够增加4～5克，从而，每亩就可以增加8～10千克的产量。灌浆期越长，灌浆强度越大，玉米产量就越高。二是增加蛋白质、氨基酸数量，提高商品质量。玉米适当晚收不仅能增加籽粒中淀粉产量，其他营养物质也随之增加。玉米籽粒营养品质主要取决于蛋白质及氨基酸的含量。籽粒营养物质的积累是一个连续过程，随着籽粒的充实增重，蛋白质及氨基酸等营养物质也逐渐积累，至完熟期达最大值。

2. 玉米收获适期的确定

每一个玉米品种在同一地区都有一个相对固定的生育期，只有满足其生育期要求，使玉米正常成熟，才能实现高产优质。判断玉米是否正常成熟不能仅看外表，而是要着重考察籽粒灌浆是否停止，以生理成熟作为收获标准。玉米籽粒生理成熟的主要标志有2

个，一是籽粒基部黑色层形成；二是籽粒乳线消失。滨州适宜收获的时间一般是9月30日至10月5日。

三、玉米单粒播种技术

1. 玉米单粒播种技术优点

（1）省种。传统播种，一般亩用种量2.5～3千克，而单粒播种亩用种量约为1.5千克，每亩节省1.5千克种子。

（2）省工。传统播种需要间、定苗，而单粒播种减少了苗期间苗、定苗这一环节，同时，也节省了劳动力。

（3）养分利用最大化，苗齐苗壮，提高品种抗性。单粒播种每穴一苗没有多余的苗争水争肥，不需间定苗，不存在伤根现象，能保证养分被苗充分利用，促进玉米前期的早生快发，保证苗齐苗壮，提高小苗生命活力，提高了玉米的综合抗性，减轻了病害的发病几率。

（4）减少除草剂无效浪费，提高除草剂药效。单粒播种省去了间定苗环节，更好地使除草剂起到封闭作用，不会因为人的原因破坏地表除草剂所形成的药膜，提高除草剂的除草效果。

（5）保证品种的最佳密度。决定产量的关键因素是合理控制密度，而单粒播种就是按照品种的合理密度进行播种，从而使品种在合理密度下更好地发挥该品种的产量优势。

（6）提高果穗均匀度，提高玉米成熟度及产量。单粒播种使每一植株吸收营养保持一致，保证良好的通风透光，果穗均匀一致，降低空秆和小穗率；能够提高玉米成熟度，增加玉米百粒重，无形中使玉米产量提高一成。

（7）增产创收，提高经济效益。单粒播种使玉米增产，最终达到农民多增收的目的。

2. 对种子的要求

玉米单粒播种对种子质量的要求很高，4项关键指标要达到：纯度≥98%、发芽率≥95%、发芽势≥90%、净度≥99%。还要求种子活力、发芽势、叶鞘出苗顶土能力和种子粒形、粒重、粒色的一致性（即播种性能）要高。种子发芽率低播种后容易缺苗，发芽势低导致出苗整齐度和幼苗大小均匀度差。硬粒型玉米种子叶鞘顶土力强，马齿型种子则顶土力弱，所以，马齿型玉米种子对整地、土壤墒情、播种质量的要求更加苛刻，这类种子作为单粒播种，购买时要慎重。

3. 配套的栽培技术

（1）整地质量。耕地平整、清洁，没有大的土块、秸秆、根茬。

（2）播种质量。播种深浅一致，覆土薄厚均匀，保证1次播种保全苗。

（3）播种时间。适时播种，不要盲目抢早，以保证出苗整齐、健壮，增强玉米的抗病、抗逆性。

（4）株距准确。严格按照品种适宜密度要求播种，不可过密或者过稀。

四、玉米秸秆还田技术

技术要点

①使用大马力玉米联合收割机将玉米秸秆切碎，长度小于5厘米。

②增施氮肥调节碳氮比，解决冬小麦因微生物争夺氮素而黄化瘦弱。秸秆粉碎后，在秸秆表面每亩撒施尿素5～7.5千克，然后

耕翻。

③配施4千克/亩的有机物料腐熟剂，可以加快秸秆腐熟程度，使秸秆中的营养成分更好更快地释放，从而培肥地力。

④每亩增施商品有机肥100千克，对培肥地力提高土壤有机质含量获取优质高产效果明显。

⑤配方施肥，足墒播种，播后镇压，沉实土壤。

⑥带病的秸秆不能直接还田，应该喷洒杀菌药以减少病菌越冬基数；也可用于生产沼气或通过高温堆腐后再施入农田。

第八章 棉花绿色高效生产技术

一、棉花分级标准

依据棉花黄色深度将棉花划分为白棉、淡点污棉、淡黄染棉、黄染棉4种类型。

依据棉花明暗程度，白棉分为5个级别：白棉一级、白棉二级、白棉三级、白棉四级、白棉五级。

淡点污棉分为3个级别：淡点污棉一级、淡点污棉二级、淡点污棉三级。

淡黄染棉分为3个级别：淡黄染棉一级、淡黄染棉二级、淡黄染棉三级。

黄染棉分为2个级别：黄染棉一级、黄染棉二级。

二、棉花轻简化栽培技术

1. 准备良种

适合轻简化栽培的良种有：鲁棉研28号、鲁棉研36号、鲁棉研37号、K836、瑞杂816、冀棉958、冀棉169、国欣棉3号、鑫秋4号等。

2. 整地施肥

（1）造墒保墒，精细耕地。4月初进行棉田造墒，盐碱地要大水漫灌。造墒后及时耙耱保墒，同时，要精细整地，做到上暄下实。

（2）培肥地力，合理施肥。每亩底施优质土杂肥2～3立方米，尿素10～15千克，磷酸二铵20～25千克，硫酸钾10～15千克，硫酸锌和硼砂各0.5千克与有机肥混合后施用。

3. 精量播种

（1）选用精良种子。提倡选用脱绒包衣种子，未包衣种子进行药剂拌种，播前15～20天晒种3～4天。

（2）适时播种。当5厘米地温3～5天稳定通过15℃时进入最佳播种期，滨州一般在4月20—25日，盐碱地棉田可推迟到4月底或5月初。棉花播种适宜的土壤含水量为田间持水量的60%～70%。

（3）精量播种。精量播种是轻简化栽培的重要一环。脱绒包衣棉种应采用精量播种；不疏苗、不间苗、不定苗，保留所有成苗；播种量每亩1～1.25千克/亩。地膜覆盖栽培，提倡使用可降解地膜。

（4）喷除草剂。

①混土施用：在整好地块待播时，使用48%氟乐灵乳油每亩100～150毫升对水50千克后均匀喷雾，然后通过耕地或耙耱混土，可有效防治多年生和一年生杂草。

②苗前施用：每亩用33%二甲戊灵乳油150～200毫升，加水40～50千克播后苗前均匀喷雾于土壤表面。

4. 苗期管理

（1）及时放苗。在棉苗出土后3天，当子叶由黄完全变绿时，及时开孔放苗；放苗时，要在10：00前或15：00后进行，每穴放出1株苗（相当于定苗），放苗孔要小，并及时封严膜口，增温保墒。

（2）中耕。定苗前后在未覆膜的大行间中耕。

（3）化控。一般可在棉花苗期开始进行第一次化控，亩用缩节胺0.3～0.5克。

（4）捋裤腿。中、低等密度下粗整枝。在大部分棉株出现1～2个果枝时，将第1果枝以下的叶枝连同主茎叶全部去掉。

（5）苗期害虫防治。主要是地老虎、棉蚜、棉蓟马、盲蝽象、红蜘蛛等，可选用高效低毒的农药根据虫情及时防治。在棉苗出土后，若遇低温多雨苗期病害严重时，可用40%多菌灵或70%甲基托布津可湿性粉剂600～800倍液针对幼苗基部喷雾或灌根防治。

5. 蕾期管理

（1）蕾期肥水。此期对于发育偏慢、偏晚的棉田，可追施少量氮肥，一般每亩5～10千克。对于地力好，生长正常的棉田一般不要追肥。长时间连续干旱可隔沟浇水。

（2）合理化控。一般在6月中上旬，根据长势、长相每亩用缩节胺0.5～1克，进行第二次化控。7月上旬在初花期，每亩用缩节胺1～2克对水喷施，进行第三次化控。

（3）防治病虫。此期主要害虫是2代棉铃虫、棉蚜、红蜘蛛、盲蝽象等。防治2代棉铃虫可用茚虫威、甲维盐、氟铃脲和高效氯氰菊酯等进行喷雾；防治棉蚜可用吡虫啉、啶虫脒、丁硫克百威、吡蚜酮、噻虫嗪、氯噻啉和烯啶虫胺等进行喷雾；防治棉盲蝽象可用马拉硫磷、高效氯氰菊酯等喷雾，同时，可兼治2代棉铃虫等。防治红蜘蛛可用阿维菌素、克螨特等进行喷雾。

（4）中耕培土。盛蕾期把中耕、破膜、除草和培土结合一并进行。

6. 花铃期管理

（1）肥水。重施花铃肥，一般在7月5日前后追肥，每亩要追施尿素10～15千克，钾肥基施一半的要补施氯化钾（盐碱地用硫酸钾）7.5～10千克；盖顶肥，一般打顶后半个月开始叶面喷肥，用1%～2%尿素和0.2%～0.3%磷酸二氢钾混合液，7～10天喷1次，连喷3～4次。

（2）打顶整枝。7月20日前后打顶，主茎打顶时建议打去一叶一心。棉花密度每亩3 000～4 000株时，人工打顶。但高密度情况下，可采用化学打顶，于7月15—20日，采用喷施化学药剂来实现棉株自然封顶，能够减少用工，多数情况下不会减产。

（3）合理化控。7月中旬，花铃盛期，亩用缩节胺2～3克进行第四次化控。一般7月下旬至8月初，打顶后进行第五次化控，每亩用4～5克缩节胺粉剂对水叶面喷施。

（4）防治害虫。3代棉铃虫，当百株有低龄幼虫15头时，应采取化防措施。盲蝽象等选用10%吡虫啉可湿性粉剂每亩10～15克对水喷雾，可兼治蓟马、烟粉虱等。

7. 吐絮期管理

8月下旬进入吐絮期，开始陆续收获。脱叶催熟、集中收花。于棉花吐絮达60%，喷施化学脱叶催熟剂，加快叶片脱落和棉铃吐絮，便于机采或者提高人工采摘效率。

若在初絮期阴雨连绵，早发棉田会出现烂铃，为减少损失，可以把铃期40天以上的棉桃提前摘出，0.5%～1%浓度的乙烯利源液喷洒或浸泡后晾晒，就可以得到正常吐絮铃。摘拾时防止混入杂质，并选择卫生干净场所晾晒和储藏，保证棉花质量。

三、良好棉花生产技术

1. 良好棉花生产原则与最低标准

（1）良好棉花七大生产原则。一是降低农药残留原则。二是高效节约用水原则。三是重视土壤健康原则。四是保护自然生态原则。五是提高纤维品质原则。六是倡导体面劳动原则。七是运行有效的管理系统原则。

（2）良好棉花14条最低生产标准。

①综合防治病虫害（选优良品种、注重预防、保护益虫、病虫预报、交替用药）。

②使用中文标示、三证俱全和国家允许在棉花上使用的农药。

③不使用国际公约禁用的高毒农药。

④根据虫病情在适当的时候打药，不盲目用药和定期打药。

⑤施用农药者必须身体健康并接受过培训，孕妇和哺乳期妇女及未满18周岁者不允许施用农药。

⑥节约用水，注意保护水资源。

⑦土地符合国家法律，租赁土地要签订书面协议。

⑧拾棉花时要戴布帽，用布兜（袋），分摘、分晒、分存、分售，减少棉花"三丝"，保护纤维品质。

⑨棉农有权通过村委会、妇联和协会等组织维护自己的权益不受侵害。

⑩遵守国际劳工公约，不雇佣童工。

⑪自家的孩子可以在不影响其学业和身体健康，有家长指导的前提下帮助家庭从事一些力所能及、无安全隐患的劳动。

⑫从事机械、施药等危险性工作者须年满18周岁。

⑬雇工要协商自愿，签订合同，按时支付报酬。

⑭不歧视妇女、老人、残疾人和被雇佣工人，同工同酬。

2. 良好棉花认证模式

（1）良好棉花认证机制。首先进行自我评估；然后进行第二方可信度审查——由BCI组织执行合作伙伴或战略合作伙伴完成；最后进行第三方审核——由独立的第三方审核机构完成。

（2）良好棉花达标标准。良好棉花达标标准包括最低要求和进步要求。

最低要求：是绝对可衡量的，棉农是否获准种植良好棉花所必须达到的最低要求。包括最低生产标准、管理标准和汇报结果性指标。

①最低生产标准：它们是一个生产者单位和生产者单位的农民取得良好棉花生产认证所需达到的最低标准。最低生产标准非常重要，原因如下。

对于棉农和棉花社区的经济发展及农民的身体健康非常重要；通过更好的组织使棉农有更强的议价能力；减少农药的使用；减少农药准备和使用过程中的风险；确保最基本的劳动权利；通过减少使用有毒物质及增加水资源的可利用率，从而减少对环境的压力。

②管理标准：主要指针对生产者单位在培训、数据管理、规划或审核与监督等管理方面制定的执行要求，包括制定持续的进步计划；监督与评估良好棉花项目的实施；数据管理；对棉农进行分类；对棉农进行培训；组织培训资料，并且存档；制定雇工管理办法；对BCI提出的修正措施由生产者单位进行改进。

③汇报结果性指标：结果性指标汇报确保了在良好棉花种植地区可持续的进步得以充分地衡量。结果性指标报告每年在收获后的12周之内1次提交。包括良好棉花生产者单位每年必须汇报结果性指标；定期进行抽样调查以确保数据的可信度。一是BCI分析结果性指标；二是信息与合作伙伴分享以便学习进步。

进步要求　是记录持续不断的改善，从而确定种植良好棉花的棉农获得种植资格的期限；是指农民根据良好棉花的生产原则和生产标准每年所实现的进步。例如，提高了回收利用，采用更好的措施来保护自然栖息地，或者是采用更好的措施来保护土壤健康。

进步的情况是通过生产者单位完成一套简洁的问卷来衡量的。棉农的得分将在评估系统公开展示。评分决定了棉农的等级：及格、高级、大师。

及格　农民达到最低要求并且处于进步要求的初级阶段，证书有效时间1年；

高级　成熟的农民，熟练掌握理解良好棉花标准体系，证书有效时间3年；

大师　最高水平的种植良好棉花的农民，证书有效时间5年。

生产者单位可以选择填写进步与否的问卷，如果愿意，可以选择停留在及格等级。分数越高，证书的有效期越长，外部审核的频率就越少。

（3）评估。

①自我评估：通常由生产者单位经理来操作。最低要求每年都做；进步要求要在第一次获得良好棉花认证证书或上次认证证书即将到期的时候。

自我评估报告在良好棉花开始收获之前4星期提交给BCI。

②外部评估：外部评估包含以下内容。

收集当地资源信息（仅适用于第三方审核）；

管理人员访谈；棉农访谈；工人访谈；文件审核；巡视审核；分析与报告。

③棉农的外部评估程序：

最低要求

第二方审查由BCI区域经理或战略合作伙伴进，审查全部范围内当季50%的高风险生产者单位；25%的一般风险生产者单位；

10%的低风险生产者单位。至少每个项目检查一个生产者单位。

第二方审查由执行合作伙伴进行，随机抽取审查当季50%的生产者单位。

第三方审核由BCI认可的审核机构进行，审核全部生产者单位数量的平方根，其中50%随机抽取，50%以BCI秘书处所进行的风险分析为依据。

进步要求

第二方审查由BCI区域经理或战略合作伙伴进行。对全国范围10%操作最好的生产者单位进行审查。

3. 良好棉花栽培管理技术规程

（1）品种选择。

①根据播种期选用中熟、中早熟春棉类型在春季播种，或早熟棉品种在晚春季播种。例如，鲁棉研28号、K836和中棉100等。

②机采棉棉田要选用株型紧凑，对脱叶剂敏感的品种。例如，鲁棉研37号和鲁棉6269等。

（2）播种。

①选择精加工种子：

种子质量　种子质量是一播全苗的基础，选用脱绒包衣棉种，种子饱满充实，发芽率高于80%，种子纯度95%以上，含水量不高于12%。

晒种　播种前，选晴好天气晒种3～5小时，以促进后熟，提高种子发芽势和发芽率。

播前做发芽试验，确定播种量。

②提高播种质量：在做好播前准备的基础上，利用播种、施肥、喷药、覆膜一体化播种机播种。

播量　提倡与生产条件相适应的精量、半精量播种，一般播种量为每亩1～1.5千克。

行距 人工收获一般采用大小行，行距分别为90～100厘米和50～60厘米，用幅宽90厘米的地膜覆盖小行；机械收获时，统一采用76厘米等行距播种，使用幅宽120厘米地膜覆盖两行。

杂草封闭 播后苗前，每亩喷施33%二甲戊灵乳油100毫升+50%乙草胺乳油100毫升封闭杂草。

地膜覆盖 选择厚度为0.01毫米地膜覆盖，便于揭起和回收。

（3）田间管理。

①放苗与间、定苗：打孔放苗的时间应避开中午高温时间段，宜在10：00前、16：00后进行，以防闪苗。控制棉苗数量达到每亩4 000～6 000株，以后不疏苗、间苗和定苗。应在放苗后2～3天，待棉叶叶面无水时，进行培土，堵严放苗孔。

②蕾期管理：大部分棉株现蕾时，一次性摘除第一果枝以下的营养枝和主茎叶（"撸裤腿"）。6月15日前现蕾的早发棉田，可同时去掉下部2～3个果枝。为促进根系下扎，防止棉花早衰，应及时揭膜，或结合花铃肥施用进行破膜。

③花铃期管理：应结合肥水调控，使棉花保持稳健生长，多结伏桃和早秋桃。在7月15—20日，单株果枝10～12个时打顶。

④系统化控：整个棉花生育期内化控4次。每亩缩节胺用量掌握在：现蕾初期0.5克、盛蕾期1克、初花期2克、打顶5～7天3～4克。

⑤中后期管理：应叶面喷肥，保根、保叶、增铃重、防早衰。8月底9月初，初见黑色病斑的棉铃时应及时采摘，用1%乙烯利水溶液浸蘸后晾晒。

⑥选用高效低毒农药进行病虫草害绿色防控。

（4）绿色防控。

①棉花苗期主要病害防治：

a. 农业防治 选用包衣种子，包衣种子对苗病具有较好预防潜势，一些包衣剂还具有杀虫剂作用，具有防治棉蚜潜势。一是秋耕冬灌。棉田深翻，有利于减少土壤耕作层病原菌数量。冬灌可避免春灌造成土壤过湿，地温较低，减少棉苗发病。二是适期播种，地膜覆盖。根据气候条件，适期播种，过早播种，地温较低，容易引起烂种死苗。地膜覆盖有利于提高表层地温，减少棉苗发病。三是轮作倒茬。有条件的地区，重病棉田最好与禾本科作物轮作2~3年，能明显减轻病害的发生。四是加强田间管理。早定苗，促苗壮旺。勤中耕，促根下扎壮苗，遇雨及时排水，雨后及时中耕，破除土壤板结，围棵松土，散墒晾根。棉田多施有机肥，注意钾肥的合理配合使用。

b. 种子处理　如果播种用良种未包衣，可选择如下种子处理。一是药剂浸种。采用多菌灵胶悬剂浸种，也可用80%抗菌剂402乳油（乙蒜素）2 000倍浸种。二是药剂拌种。每5千克种子用2.5%的适乐时（咯菌腈）悬浮种衣剂10毫升拌种。准备好桶或塑料袋，将适乐时悬浮种衣剂稀释到1~2升每100千克种子，充分搅拌混匀后倒入种子上，快速搅拌或摇晃，直到药液均匀分布到每粒种子上。

c. 化学防治　棉苗出土后，若遇低温多雨，棉花苗病严重时，可采用2.5%的适乐时悬浮种衣剂1 000倍液、50%多菌灵可湿性粉剂或50%福美双可湿性粉剂600倍液进行叶面喷雾或灌根处理。

②棉花枯萎病与防治：

a. 选用抗病品种　推广地膜覆盖技术。

b. 轮作倒茬　有条件的地方，重病棉田采取玉米、小麦、高粱、水稻等与棉花轮作至少3年，可明显减轻病害。

c. 选用脱绒包衣良种。

d. 加强栽培管理　健全排灌系统，避免积水；平整土地；适时播种，及时定苗、拔除病苗；多施腐熟有机肥，水肥适中；及时中耕松土；及时清除棉田病残体。

e. 化学防治　发病初期，对零星病田或零星病株，应及时拔除病株并用80%抗菌剂402乳油（乙蒜素）、5%菌毒清水剂、36%三氯氰尿酸可湿性粉剂和36%甲基硫菌灵悬浮剂，按照说明书的推荐剂量进行灌根消毒，也可结合叶面喷雾，对棉花枯萎病进行药剂防治。同时，要注意交替用药，提高防治效果。

③棉花黄萎病及防治

a. 选用抗病品种　推广地膜覆盖技术。

b. 轮作倒茬　有条件的地方，重病田采取玉米、小麦、高粱、水稻等与棉花轮作至少3年，可明显减轻病害。

c. 选用脱绒包衣良种。

d. 加强栽培管理　健全排灌系统，避免积水；平整土地；适时播种，及时定苗、拔除病苗；多施腐熟有机肥，水肥适中；及时中耕松土；及时清除棉田病残体。

e. 药剂防治　棉花发病初期，可用36%三氯氰尿酸可湿性粉剂、枯草芽孢杆菌可湿性粉剂（10亿活芽孢每克）、0.5%氨基寡糖素水剂、12.5%速效治萎灵（增效多菌灵）药剂按照说明进行灌根或叶面喷雾防治，并注意交替用药。同时，喷施黄腐酸盐等叶面肥，效果更佳。

④棉铃病害与防治：

a. 加强栽培管理　合理施肥和灌水，N、P、K要平衡，切忌大水漫灌，雨后及时排水。及时打顶、整枝、摘叶。合理密植，及时化控。抢摘黄熟铃，减少损失。及时防治棉田玉米螟、棉铃虫、甜菜夜蛾、斜纹夜蛾和红铃虫等棉田害虫，防止虫害造成伤口，切断病菌侵入途径。

b. 药剂防治　在棉田铃病发生初期，用50%多菌灵可湿性粉剂，80%福美双可湿性粉剂，80%代森锰锌可湿性粉剂，50%烯酰吗啉可湿性粉剂（主要防治棉铃疫病）等药剂及时喷雾防治。由于烂铃主要发生在棉株下部，所以，要把药剂重点喷施在棉株下部棉铃上，且要交替轮换用药。

⑤棉蚜防治方法：

a. 选用商品化脱绒包衣棉种　含防治棉蚜种衣剂。

b. 药剂拌种。未包衣种子或者不含防治棉蚜种衣剂包衣种子，可采用10%吡虫啉可湿性粉剂按照种子量的0.5%有效成分拌种（每千克棉种需要5克药剂）。

c. 药剂防治　10%吡虫啉可湿性粉剂2 000～3 000倍溶液、5%啶虫脒乳油1 000～2 000倍溶液、25%阿克泰（噻虫嗪）水分散颗粒剂2 000～5 000倍溶液，25%吡蚜酮悬浮剂1 000～2 000倍溶液针对性喷雾，重点喷洒叶背面，还可兼治棉蓟马和粉虱。

⑥棉铃虫防治方法：

a. 冬耕冬灌　压低越冬蛹基数。麦收后及时中耕灭茬灭蛹。保护利用自然天敌。

b. 种植高纯度抗虫棉。

c. 诱杀成虫　利用黑光灯、高压汞灯、杨树枝把或种植玉米诱集带等措施诱杀棉铃虫成虫。

d. 药剂防治　可选用2.5%多杀霉素悬浮剂、24%甲氧虫酰肼悬浮剂、5%氟铃脲乳油、19%甲氨基阿维菌素苯甲酸盐乳油等，按推荐剂量在田间棉铃虫卵孵化盛期喷雾防治。棉铃虫核型多角体病毒等生物农药在低龄幼虫期进行防治。

e. 为延缓转BT基因抗性的产生　在棉花集中产区可种植一定比例的非抗虫棉或与其他作物轮作、插花种植等。

⑦棉叶螨（红蜘蛛）防治方法：

a. 清除田间及地边杂草。

b. 药剂防治　10%浏阳霉素乳油1 000倍液或1.8%阿维菌素乳油1 500～2 000倍液或10%除尽悬浮剂（溴虫腈）2 000倍液或

5%卡死克（氟虫脲）乳油1 000～2 000倍液或24%螺螨酯悬浮剂4 000～5 000倍液，均匀喷雾，叶片正反面都要喷到，重点喷叶背面，且要交替轮换用药。

⑧棉盲蝽象防治方法：

a. 秋耕冬灌　破坏棉盲蝽适宜的越冬场所；早春及时清除田间杂草，抓好田间周边杨树、绿肥、胡萝卜等寄主植物的药剂防治，减少越冬虫源寄主。

b. 合理灌溉　平衡施肥，适时化控，及时整枝，防止棉花生长过旺，从而减轻为害。

c. 多头苗整枝补救　6月中旬前为害造成的丛生枝，通过整枝留两头或一个强枝，增加现蕾结铃数。

d. 药剂防治　每亩可用5%啶虫脒乳油1 000～2 000倍溶液或5%顺式氯氰菊酯乳油2 000～4 000倍液或1%甲氨基阿维菌素乳油50毫升喷雾防治。施药时，应选择阴天或者晴天的早、晚时段；以棉尖和果枝尖为重点，从外围向中心喷；注意交替用药，且尽量做到大面积统防统治，以提高防治效果。

⑨良好棉花草害防治技术规程：

a. 土壤处理　以禾本科杂草为主的棉田：可在播种前或播后苗前，每亩选用50%乙草胺乳油100～140毫升，或用72%异丙甲草胺乳油80～120毫升，或用地乐胺48%乳油200～300毫升，或用48%氟乐灵乳油80～150毫升，对水喷雾。异丙甲草胺、地乐胺及氟乐灵需喷施后浅混土，以防挥发和光解。

禾本科和阔叶杂草混生棉田：可在播种前或播后苗前，每亩选用24%乙氧氟草醚乳油40～50毫升，或选用80%伏草隆可湿性粉剂100～150克，25%恶草酮乳油北方棉区130～150毫升，50%利谷隆可湿性粉剂120～150克（降水多时不宜使用，以免药剂淋溶造成药害），对水喷雾。

多年生莎草科杂草严重发生的棉田：可在播种前或播后苗前，每亩选用50%莎扑隆可湿性粉剂700～900克加水75千克喷雾地表，或拌细土30千克撒施于地表，然后混入10～15厘米深的土中。混土深度根据杂草种子及地下球茎在土层中的分布而定。防除棉田一年生莎草科杂草时，用药量可降于300～500克。

b. 茎叶处理　以禾本科杂草为主的棉田：可在杂草3～5叶期，每亩选用10.8%高效吡氟甲禾灵乳油40～60毫升（一年生）或60～80毫升（多年生），或选用20%稀禾啶乳油80～120毫升或12.5%稀禾啶机油乳剂100～150毫升，或选用12%烯草酮乳油30～40毫升，对水喷雾；也可在杂草3～5叶期，每亩选用6.9%精恶唑禾草灵浓乳剂50～70毫升，或选用15%精吡氟禾草灵乳油50～70毫升，或选用5%精禾草克乳油50～70毫升，对水喷雾。

（5）采收。

①采收标准：棉铃成熟，充分吐絮。从棉铃充实末期各室裂缝见絮开始，到铃壳干枯翻卷，充分吐出棉絮，时间一般6～8天。

②采收时间：大部分棉株已有1～2个棉铃充分吐絮时，开始采收。以后每隔7～10天摘拾1次。摘拾棉花应选择晴天露水干后进行。要注意雨前抢收。

③棉花良好采收，注意"四分"：棉花在采收过程中要对好花与僵瓣花、虫蛀花，霜前花与霜后花实行分收、分晒、分存、分售。

a. 采收　种子棉与非种子棉分收，不同品种的棉花分收。采摘要求用棉布帽、袖套、布袋。若机械化采收。9月下旬，棉花吐絮率超过40%时，每亩采用50%噻苯隆可湿性粉剂40克+40%乙烯利水剂20毫升+水30千克混合喷雾，促进棉花吐絮和脱叶。喷施脱叶催熟剂20天后，棉花脱叶率在90%以上、吐絮率在95%以上时即可进行机械化收获。

b.分晒　将分收的棉花按要求进行分晒。在分晒的过程中，要翻动几次，同时，将杂质和僵瓣棉拣出来。晒干的标准是籽棉含水量10.5%以下，一般口咬棉子有响声。种子棉不要在水泥地上暴晒，以免影响种子发芽率。

c.分存　僵瓣花、虫蛀棉、剥桃棉、污染棉、好棉、种子棉、商品棉、不同品种、不同品级的棉花分存。

d.分售　分收、分存的棉花分别出售。

④异性纤维及预防：

a.异性纤维　异性纤维是混入棉花中对棉花及其制品质量有严重影响的非棉纤维和有色纤维，也称"三丝"（化纤丝、毛发丝和化纤色织物丝）。

b.预防、控制异性纤维　从棉花摘拾开始，到包装、晾晒、运输、交售、加工等全过程。棉农摘拾棉花用白棉布包，戴棉布帽。晾晒棉花的场地打扫干净。在家庭内，籽棉的储存需与人、鸡鸭鹅狗猫分开，单独储存。交售棉花时，用白棉布包。收购加工当中挑拣异性纤维，最终杜绝商品棉中带有异性纤维。

（6）棉秆还田。

①棉花收获后立即进行棉秆还田作业。要求粉碎后棉秆长度不超过10厘米，长度大于5厘米的棉秆不超过20%，漏切棉秆不超过总数的0.5%。

②棉秆粉碎后，每亩施纯氮15千克，然后深翻。

③减少棉田残留废膜的存量。棉田耕层残存废膜一般采用机械在耙耱环节回收。回收的细碎残膜，交废品回收站集中处理，当无回收站时或采用集中就地深埋1.5米进行处理，集中指一个生产单位挖一个大的洞或坑深埋，以便日后回收。

4. 良好棉花加工技术规程

（1）良好棉花加工工艺。

①轧花工艺流程：货场籽棉—籽棉重杂物清理机—籽棉卸料器—籽棉自动控制喂料器—籽棉烘干机—籽棉清理机—籽棉配棉装置—轧花机—（气流式皮棉清理机）—（皮棉清理机）—集棉机—（加湿）—打包机—取棉样—棉包计量—棉包信息管理系统打印条形码—棉包自动输送系统。

②棉花加工工艺流程中的物料输送系统应采用气力输送或机械输送方式。

③气力输送系统中的含尘空气应集中除尘，回收有效纤维并打包。

（2）籽棉清理系统。

①籽棉应经过特杂、重杂、僵瓣棉和细小杂质的清理。

②籽棉清理系统的籽棉总处理量不小于10 000千克/小时（如有2套籽棉清理系统，每套清理系统的籽棉处理量不少于5 000千克/小时）。

③籽棉清理系统的清杂效率不低于60%，清僵效率不低于70%。

（3）籽棉烘干系统。

①籽棉回潮率超过8.5%，轧花时应进行烘干。

②籽棉烘干系统的热源不得污染籽棉。

③籽棉烘干系统的籽棉总处理量不小于10 000千克/小时（如有2套籽棉烘干系统，每套烘干系统的籽棉处理量不少于5 000千克/小时）。

④籽棉经过烘干处理后，品质（色泽、强度、长度）应保持不变。

（4）轧花。

①加工回潮率6.5%~8.5%的标准级籽棉时，锯齿轧花机台时皮棉产量不低于800千克，轧花系统总的皮棉产量不低于3 200千克/小时。

②加工棉纤维过程中不得混入异性纤维和其他危害性杂质。已经存在的，应进行清除。

（5）皮棉清理。

①轧花机加工后的皮棉可根据市场要求进行皮棉清理。

②皮棉清理机应具有棉胎厚度自动检测、反馈装置。

③皮棉清理机台时处理量不小于1 000千克。

④皮棉清理机的清杂效率不小于30%，棉纤维损耗率不大于1.6%。

⑤皮棉清理机排出的杂质中含棉率不大于55%。

（6）加湿。

①皮棉回潮率小于6.5%时，打包前应进行加湿。

②皮棉经过加湿后，品质（色泽、强度、长度）应保持不变。

③皮棉经过加湿后，回潮率不大于8.5%。

（7）打包系统。

①加工后的棉纤维使用公称压力不小于4 000千牛的打包机进行打包，台时（皮棉）打包量不少于15包。包重为（227±10）千克，棉包尺寸为：1 400毫米×530毫米×700毫米。

②包装过程中，不得混等混级和掺杂使假。

③打包机应有自动取棉样装置，做到包包取样，并按规定妥善保管棉样。

④成品棉包应采用条形码标识，应配备计算机、条形码打印机等相关信息设备。

⑤皮棉成包后先捆扎裸包，后套外包装。包装封口不露白。

（8）配套设备、辅助设备。

①配套设备主要指重杂物清理机、籽棉卸料器、籽棉自动喂料控制器、籽棉清理机、籽棉烘干系统、气流式皮棉清理机、皮棉清理机、皮棉加湿系统、集棉机、集绒机、风机、除尘系统等。

②配套设备选型应符合相关规程的要求，并按主机的加工能力和工艺要求配置。

③辅助设备应按相关规程的要求配置和使用。

（9）电器控制系统。

①工厂配电应规范，电器控制设备应由棉花加工专业设计单位配置。

②成套设备电器控制系统采用PLC控制，后序能控制前序。

③成套设备的各单机间能实现"互锁、联锁"。

（10）技术经济指标。

①加工：1吨皮棉的耗电量（千瓦/小时）≤110。

②打包：1吨皮棉耗电量（千瓦/小时）<18。

③包装：1吨皮棉耗钢丝≤10千克

（11）管理人员、技术人员。

①良好棉花加工企业应有中级以上技术职称的生产管理人员。

②良好棉花加工企业应配备技术人员，技术人员中必须有棉花加工专业的工程师或技师，且具有人事部门或劳动部门颁发的相应从业资格证书。

③专业技术人员应有计划地进行培训学习，逐步适应现代化管理的要求。

④良好棉花加工企业的主要检验人员必须经过专业技术培训，具有执业资格的技术人员。

⑤专业电工、取样工、信息工必须具有任职资格证书。

（12）安全、消防、环保。

①良好棉花加工企业的安全、消防必须符合有关规定。

②棉花加工机械安全应符合GB 18399的规定要求。

③良好棉花加工企业必须有公安消防部门颁发的合格证。

④环境保护

企业作业场所空气中粉尘浓度不得超过10毫克/立方米。

良好棉花加工企业排向大气的粉尘浓度不得超过120毫克/立方米。

作业场所的噪声一般不得超过90dB（A）。

四、机采棉花栽培管理技术

1. 地块选择、灌排便宜

要求地块平坦，成方连片。地力中等以上，具备良好的灌溉及排水条件。

2. 选用品种、适宜机采

选用株型紧凑、成熟集中、中度含絮率等适合机采的棉花品种，如K836、鲁棉研36、鲁棉研37等。

3. 适期机播、提高密度

于4月15—25日采用机械精量播种，用种量控制在1.0～2.0千克/亩。等行距种植，行距76厘米，播种、盖膜、覆土1次完成，采用幅宽膜（120厘米）双行覆盖。密度控制在5 000株/亩左右。

4. 简化中耕、简化施肥

在施足底肥的基础上，于6月下旬（盛蕾期）视土壤墒情和降水情况将中耕、除草、破膜、追肥和培土合并，1次机械完成，以后不再根际追肥。对有早衰趋势的棉田可自8月初开始以小型直升机或轻便喷雾器喷施2~3次叶面肥（3%~5%尿素和0.5%~1%磷酸二氢钾），每次间隔5~10天。

5. 简化整枝、提高工效

采用粗整枝或不整枝。粗整枝是在大部分棉株现蕾时，将第一果枝以下的营养枝和主茎叶一次性去掉（"撸裤腿"）。对于果枝始节位较低且早发（6月15日前现蕾）的棉田，可同时去掉下部2~3个果枝，以提高果枝始节位。

6. 全程化调，控制群体

全生育时期根据需要进行化学调控3~4次。具体化学调控措施，参照下表，最终株高控制在110厘米左右。

表　化学调控次数及缩节安用量

化调次数	化调时间	缩节安用量（克/亩）
第一次	盛蕾期前后	1.0~1.5
第二次	盛花期前后	1.5~2.0
第三次	打顶后	3.0~4.0
第四次	盛铃期前后	3.0~4.0

7. 统一防虫、高效用药

苗期害虫主要有蓟马、棉蚜、地老虎等。出苗后当有地老虎为害时，及时用溴氰菊酯进行防治；发生蓟马和棉蚜为害时，可采用啶虫脒、吡虫啉等生物农药进行防治。蕾期害虫主要以蚜虫、红蜘蛛、盲蝽象为主。根据虫害发生种类及严重程度，选择针对性强的农药进行防治。花铃期棉铃虫的防治可采用生物药剂BT-苏云金杆菌防治；红蜘蛛防治可采用专用杀螨剂如三氯杀螨醇、虫螨克等；针对盲椿象昼伏夜出、移动性强的特点，应将白天打药改为傍晚打药，并且应注重全面打药，棉田及周边杂草均要喷施，各种植户还应联合行动，做到统防统治。

8. 适期催熟、化学脱叶

于9月底至10月初田间吐絮率达60%左右，采用50%噻苯隆可湿性粉剂40克/亩和40%乙烯利水剂200～300毫升/亩混合施用，为增加药液在叶片表面的持留量，可在脱叶剂中添加0.1%有机硅助剂，选择无风、晴朗天喷洒药剂，务必保证药剂喷透、喷匀，使每片叶片都要附着药剂，确保脱叶彻底。喷药后12小时内若降中量的雨水，应当重喷。

注意事项：化控和脱叶催熟时可根据棉株长势和当时的天气状况适当调整药剂使用量。其中，脱叶催熟剂施用时掌握"正常棉田适量减少，过旺棉田适量增加；早熟品种适量减少，晚熟品种适量增加；喷期早的适量减少，喷期晚的适量增加；密度小的适量减少，密度大的适量增加"的原则。

9. 集中成熟、机械采收

于10月下旬或11月初利用水平摘锭式采棉机进行机械采收。

第九章　蔬菜绿色高效生产技术

一、蔬菜的茬口安排

茬口安排是指一定土地面积上、一定时间内各种蔬菜在栽培次序上的安排布局，是蔬菜栽培中前、后茬作物栽培衔接的依据。合理的茬口口安排，可以最大限度地满足作物生长发育对环境条件的要求，达到高产、优质的栽培目的。同时，还可以有效地调节蔬菜的生产供应季节，克服蔬菜淡旺季，实现蔬菜周年均衡供应。轮作是指在一定的土地面积上，按一定的年限，轮换栽培几种特性不同的蔬菜作物，以减轻病、虫为害，恢复和提高土壤肥力，实现连年丰产、丰收。

1. 茬口安排的基本原则

（1）合理安排茬口。根据环境条件的变化和作物对环境条件的要求安排茬口，使作物生长发育尤其是产品器官形成阶段安排在最适宜的环境条件下。关键是考虑温度、光照条件的季节变化和保护栽培措施对温、光条件的影响。按照各种作物对环境条件的要求以及保护栽培设施的保温、透光性能，力求将栽培作物的生育期，尤其是产品器官形成阶段，安排在温度和光照等条件最适宜或比较适宜的季节或月份，以尽量满足作物生长发育对温度和光照等条件的需求。

（2）突出重点，合理搭配主、副茬。应首先把主茬安排好，再搭配安排副茬。大棚春季最适宜栽培的蔬菜为黄瓜、番茄等瓜、果菜。因此，在安排大棚蔬菜茬口时，应以春季的瓜、果类蔬菜栽培为主，其他蔬菜均应为主茬作物让路。在保证主茬作物正常生长的前提下，穿插种植好其他作物要保主茬，抓副茬，突出重点，合理组配。

（3）注意茬口的衔接和轮作。一年中多茬种植，应严格掌握茬次的衔接时间，在保证主茬作物适宜生长期的前提下，抢种副茬。套种时，要尽量减少共生期，避免因共生期过长，对前、后茬作物的正常生长产生不良影响。茬口安排要与轮作相结合、合理利用土壤肥力，减轻病虫害的发生。

2. 茬口安排的主要类型

（1）一年一茬。多为生长期长的蔬菜和多年生蔬菜，例如，山药、芋、菱白莲藕以及韭菜、黄花菜等。

（2）一年两茬。一般春茬露地栽培番茄、茄子、辣椒、黄瓜、西葫芦、冬瓜、豇豆、菜豆、结球甘蓝、花椰菜、马铃薯等，下茬种植大白菜、萝卜、胡萝卜、根芥菜、秋结球甘蓝、秋芹菜、秋花椰菜等。

（3）一年三茬。主要有早春菜—晚春菜—秋菜：在春秋两大茬之前安排一茬早春早熟菜，收获后栽番茄、黄瓜、冬瓜等，下茬秋播大白菜、萝卜或秋芹菜、秋莴笋等；早春露地种植生育期稍短的结球甘蓝、莴笋、早熟番茄等，下茬播种耐热白菜、苋菜等短季菜，秋茬接大白菜、萝卜、秋结球甘蓝、秋芹菜等；早春收获菠菜、小葱等之后，栽植番茄、茄子、黄瓜、冬瓜等；秋茬种植莴苣、茼蒿等，或越冬菜为大蒜、洋葱，下茬种秋黄瓜、秋豆角等，然后再种越冬菠菜及其他越冬菜。

3. 露地蔬菜的茬口安排

（1）越冬茬。一般是指秋季露地直播或育苗，以幼苗或成株状态露地过冬，翌年春季或夏初收获供应市场，其主要蔬菜种类是菠菜、小葱、芹菜以及大蒜、洋葱等。

（2）早春茬。利用地膜等保护设施，在旱春播种耐寒性较强的速生菜类，如白菜、茼蒿、菠菜等以及用小拱棚保护的番茄、西葫芦等喜温果菜。早春茬一般占菜田面积的25%～30%，主要是解决4～5月的蔬菜供应。

（3）春夏茬。指终霜后露地定植的喜温及耐热的蔬菜，主要包括中晚熟结球甘蓝、花椰菜、黄瓜、西瓜、番茄、茄子、辣椒、菜豆、豇豆及速生绿叶菜类等许多种类的蔬菜。

（4）夏茬。一般在6～7月播种或定植，主要蔬菜有夏黄瓜、豇豆、菜豆、冬瓜、耐热结球甘蓝、耐热白菜、茴香等。

（5）秋茬。一般在"立秋"前后直播或定植，10—11月上市，是冬、春贮藏菜的主要茬口。主要蔬菜有大白菜、结球甘蓝、花椰菜、萝卜、胡萝卜、莴苣、芹菜、芫荽、芥菜、菠菜等。

4. 保护地蔬菜的茬口安排

（1）秋冬茬。通常在夏末秋初露地或遮阴棚播种育苗，然后定植在冬暖大棚、单斜面大棚及大、中拱棚等保护地内，在中秋进行覆盖保温，其产品在初冬至新年供应市场。秋冬茬栽培的瓜果蔬菜应选用苗期较耐热、抗病，适合秋冬生长，抗逆性强的品种。蔬菜种类以番茄、黄瓜、西葫芦、菜豆、芹菜、结球甘蓝、花椰菜和韭菜等为主。

（2）越冬茬。在秋末冬初播种或定植，新年前后开始采收上市，直至翌年5—6月拔秧，生长发育全过程都在保护地内完成。栽培的蔬菜主要是可以连续采收的果菜类、瓜类蔬菜，选用耐低温、耐弱光、抗病性强，对温度剧烈变化适应性强的品种。

（3）冬春茬。主要是利用春用型单坡面大棚、拱棚以及部分冬暖大棚等设施栽培黄瓜、西瓜、厚皮甜瓜、西葫芦、番茄、茄子、辣椒、菜豆等蔬菜，一般于1—3月定植，3—4月开始收获，6—7月拔秧。

（4）秋延迟与春早熟栽培。其所采用的保护设施为单斜面大棚、小拱棚、中拱棚以及部分日光温室。秋延迟栽培的蔬菜，主要有番茄、辣椒、西葫芦等果菜类蔬菜以及芹菜、莴笋、花椰菜等蔬菜，多于夏末秋初播种育苗。多数蔬菜都可进行春季早熟栽培。如番茄、茄子、辣椒、黄瓜、西葫芦、菜豆等以及耐寒和半耐寒蔬菜，如结球甘蓝、花椰菜、芹菜、白菜等。

二、蔬菜育苗技术

1. 播种前的准备

（1）确定适宜的播种期。根据不同的栽培方式，首先确定各种蔬菜的定植期。春季露地栽培较耐寒的结球甘蓝、芹菜、白菜等，定植时10厘米地温要能稳定在5℃。喜温性蔬菜，番茄、茄子、辣（甜）椒、黄瓜、西葫芦等，定植期应在终霜期后。春季早熟栽培的定植期比露地栽培提前，根据育苗采用设施的保温性能来确定播期（棚内10厘米地温稳定在12℃以上）。秋季延迟栽培和冬暖型大棚的越冬茬栽培，主要根据预定采收上市期来确定定植期。其次，根据各种蔬菜的生长发育特点，确定适宜的苗龄。黄瓜、西葫芦等瓜类蔬菜的秧苗生长速度较快，而根系再生能力差，以两叶一心或三叶一心的苗龄为最好。茄果类蔬菜苗龄以第一穗（朵）花现蕾为最好。最后根据定植期和苗龄推算各种蔬菜适宜的播种期。其方法是根据已确定的定植期，按不同育苗方式所需要日历苗龄向前推算，计划出播种期的范围，然后再根据所用苗床的设备实际情况和育苗技术水平稍加调整，即可确定出适宜的播种期。

（2）调制培养土。培养土最好用肥沃的大田土，不用菜园土调制，以避免重茬和将病原物、虫源带入苗床。其次是充分腐熟的圈肥、马粪，或沤制好的堆肥等，有条件的可以使用商品育苗土。以上述材料为主体，再配合一定数量的经过腐熟的大粪干、鸡粪以及过磷酸钙、草木灰等。土质过于黏重或有机质含量极低时（不足1.5%），应掺入有机堆肥、锯末等；土质过于疏松的，可增加牛粪或黏土；盐碱地要更换土壤，保持床土pH值在6~7的范围内。培养土的调制比例：肥沃的大田土6~7份，腐熟的马粪、堆肥4~3份，混合，过筛。每立方米混合土中，另外，加入腐熟捣细的大粪干或鸡粪15~20千克，过磷酸钙0.5~1千克，草木灰5~10千克，50%多菌灵粉剂80克，充分拌匀。培养土中切忌施用未经腐熟的生粪、饼肥，也不要施用硫酸铵或碳酸氢铵等化学肥料。培养土调制后即可填入床内，或装入营养钵内，待播种。

（3）种子处理。一是种子消毒。常规种子消毒方法如下。
①高温烫种法：此法简便易行，并有一定效果。烫种一般可结合浸种进行。

②药液浸种法：常用的药剂有磷酸三钠、高锰酸钾、福尔马林等。如番茄、辣椒种子用10%磷酸三钠液浸种20分钟，或1%高锰酸钾溶液浸种20~30分钟。茄子种子用100倍的福尔马林溶液，浸种15分钟，可杀死黄萎病菌。黄瓜种子用100倍福尔马林浸种20~30分钟，或用2%~4%的漂白粉溶液浸种30~60分钟，或用0.1%多菌灵浸种20~30分钟，可防止枯萎病。菜豆、豇豆用用200倍福尔马林浸种30分钟，可防止豆类炭疽病。使用药水浸种过的种子，需用清水冲净药液后，才能继续用温水浸种或播种。

③药剂拌种：茄子、辣椒、黄瓜立枯病，可用70%敌克松粉剂

拌种，用药量为种子量的0.3%～0.4%。菜豆用50%福美双拌种，可防叶烧病，药量为种子重量的0.3%。拌种要求把药粉均均匀地沾在每粒种子上，方法是把种子和药装入罐中盖严摇动。拌过药的种子可直接浸种、催芽、播种。

二是浸种催芽。

①浸种：主要蔬菜种子的浸种方法是番茄、辣椒、黄瓜、西葫芦等蔬菜种子，一般用50～55℃温水浸种，种子放入温水后要不断搅拌，水温降到30℃时停止搅拌，浸泡3～4小时。种皮厚、吸水困难的冬瓜、茄子种子，可用70～80℃的热水浸种，但一定要不断搅拌，水温降到30℃时停止搅拌，冬瓜需浸泡10～12小时，茄子6～8小时。结球甘蓝、花椰菜、豇豆等蔬菜种子的种皮薄，易吸水，可用20～30℃的水，浸种1～2小时。种皮易生黏液的种子，像茄子，浸种后要在清水中搓洗干净。

②催芽：浸种后，需要催芽的种子，可先摊开使种皮表面的水分散发，改善催芽期间的通气状况。然后用洁净的湿布或布袋包好。冬春季育苗的置于温暖处或恒温箱中催芽；夏秋季育苗可放在室内洁净的容器中催芽；个别需要低温发芽的种子，需置于温度较低处催芽。

一般喜温蔬菜种子催芽期间的适宜温度为25～30℃，最低温度不宜低于10～12℃。催芽期间每天用25～30℃的温水淘洗种子。喜冷凉蔬菜催芽期间的适宜温度为20℃左右。需要变温处理的种子，按变温处理的要求进行。当大部分种子露白时，是播种的适宜时间。

2. 播种

（1）撒播法。冬春季育苗，要选择晴暖天气的上午播种；夏秋季育苗宜于傍晚播种。播种前苗床要浇底水，早春育苗，底水要提前几天浇灌，提高床内地温。为使已催芽的种子播于湿土上，播种前可再喷点温水，以湿润床面；如床面过湿，可在床面上先撒一薄层细土。适于用撒播法播种的蔬菜有番茄、茄子、辣（甜）椒、结球甘蓝、花椰菜、莴笋、芹菜、白菜等撒种前，可将种子掺上部分细湿土，以使播种均匀。播后覆盖细土，厚度一般为1~1.5厘米。

（2）点播法。黄瓜、西葫芦、冬瓜以及豆类蔬菜用点播法。用营养钵等容器育苗的，可把营养钵排放于苗床内，浇足底墒水，把种子播于容器中央，每钵内播已发芽的种子1~2粒。采用方块育苗的，把培养土填入床内，耙平踏实，浇底水，按10厘米×10厘米见方，用刀切方块或只划出方格，每个方格中央播1~2粒种子（豆类播3~4粒）。随播种，随用少量细土盖严种子，全畦播完后覆土。厚度：瓜类蔬菜1.5厘米左右；豆类蔬菜2厘米左右。播种完成后，冬春季育苗时，用地膜覆盖于床面，其上不用压土（开始出苗时揭去）。同时，把畦上的塑料薄膜等透明覆盖物盖好，四周用泥把薄膜边缘封好。夏秋育苗，需遮阴降温者，苗床上搭盖遮阳网。

3. 苗床管理

（1）发芽期管理。

①播种后至出苗阶段的管理：从播种至出苗60%属于发芽期的第一阶段。此时对环境条件的要求是充足的水分、较高的床温和良好的通气条件。苗床管理的重点是温度管理。在冬春育苗中，喜温性蔬菜床温控制在25~30℃；喜冷凉蔬菜20~25℃为宜。如果温度适宜，则出苗较快；反之，则拖延出苗时间。因床温低，拖延出苗时间越长，秧苗越弱。夏秋育苗，温度管理主要是降温。在湿度管理上，一是防止畦面失水干裂，要注意喷水；二是防雨，雨前应在床面上加盖防雨棚，床面还要防止积水。

②从子叶微展到第一片真叶显露阶段的管理：此阶段是发芽期的第二阶段，苗床管理的重点是适当降低床温，防止出现高脚苗。同时，也要避免床温过低、光照不足、湿度较大而引起的苗期病害。茄果类、瓜类蔬菜育苗床白天控制在20℃左右，夜间为12～16℃，甘蓝类蔬菜可稍低一些，方法是自60%苗子出土起逐步开始通风。

（2）幼苗期管理。

①分苗前的管理：从破心到3～4片真叶展开是幼苗期的第一阶段。在这一阶段内，秧苗单株生长量较小，而生长点在大量分化叶原基，番茄、茄子、辣椒、黄瓜、西葫芦等蔬菜的幼苗苗端开始花芽分化。因此，管理上的原则是：保持秧苗营养体的正常生长，促进叶原基的发生和花芽分化苗床的温度控制：喜温性蔬菜白天为20～25℃，夜间13～16℃；喜冷凉蔬菜白天18～22℃，夜间8～12℃。给以较强的光照强度和较长的光照时间。在管理方法上，主要是早揭晚盖不透明覆盖物；适当加大通风量和通风时间；早间苗，保持合理的密度；向床面撒1～2次细干土，不使畦面龟裂，减少水分蒸发。在早春育苗中，分苗是改善秧苗光照和营养状况，培育壮苗的重要措施。分苗前3～5天，适当降低床内温度，保持在适宜温度的下限，进行分苗前低温锻炼。分苗要选晴暖天气进行。分苗前一天向床内喷水，以利起苗。分苗的株行距，茄果类蔬菜为10厘米×10厘米，甘蓝类蔬菜为8厘米×8厘米。分苗后立即覆盖塑料薄膜，并密封，以尽量提高畦温，促进秧苗扎根缓苗。定植前7～10天在床内浇水切块，夜间适当降温，进行定植前低温锻炼。

②成龄苗阶段的管理：时间是从分苗到定植前，在此阶段内，秧苗要完成总生长量的90%以上。更为重要的是，早期产量的花芽均在此期分化，而花芽分化的多少，花芽素质的好坏，均取决于此

时期内苗床管理。因此，此期是苗期管理的重点阶段。在措施上，必须给以适宜的温度，充足的光照和良好的营养条件。适宜的苗床温度：茄子、辣（甜）椒白天25～30℃，夜间15～18℃，地温20℃左右；番茄白天20～25℃，夜间13～15℃，地温18～20℃；结球甘蓝白天20～25℃，夜间10～12℃。在管理上，要根据天气情况掌握揭盖不透明覆盖物的时间，尽量争取早揭晚盖，延长光照时间。根据床内温度状况掌握通风时间和通风量；特别要注意夜间床内温度的夜温偏低，中、后期防止夜温偏高。苗期一般不行追肥，如果营养较差可喷施浓度为0.2%的磷酸二氢钾溶液，苗期喷2～3次即可。夏秋季育苗，成苗期主要是做好防雨和雨后防积水，还要做好喷药防治病虫害，主要虫害有蚜虫、白粉虱、菜青虫等。黄瓜、番茄苗还可喷1～2次83增抗剂防治病毒病。

③移栽前的锻炼：在定植前7～10天逐渐降低苗床温度，加大通风量，逐渐撤除床面覆盖物，直到定植前3～4天全部撤除覆盖物，使育苗场所的温度接近栽培场所的温度。在大棚内育苗，大棚定植的秧苗，由于育苗环境与栽培环境变化不大，可以稍行锻炼。为了减少病害发生，定植前茄果类秧苗可喷1次保护性杀菌剂。瓜类秧苗，可喷1次600～800倍百菌清。西瓜苗用50%复方多菌灵胶悬剂500倍液浇灌2次防枯萎病。

（3）早春育苗期间灾害性天气的苗床管理。

①遇连续阴冷天气，在苗床管理上，草苫子等不透明覆盖物应适当晚揭早盖，以利保温，使秧苗增加散射光。揭苫后，如果畦温不下降，就不要急于盖苫；揭苫后，若畦温上升，可在15：00前后盖苫；揭苫后，若畦温下降，可随揭随盖，或趁午间气温较高时，揭苫后略等一会再盖。另外，遇连续阴冷天气时，须加强夜间保温，可以增加覆盖物。

②雪、雨天气白天开始下雪时，要立即覆盖草苫子等不透明覆

盖物，遇到连续阴雪天，不管雪停与否，都要及时扫雪，并趁午间雪暂停时揭苫，或随揭随盖，且不可数日不揭苫。连续阴雪天骤然转晴时，揭苫后要注意观察苗情变化，若发现秧苗有萎蔫现象时，要立即覆盖草苫遮花荫。待秧苗恢复正常后再揭开，萎蔫时再盖上，恢复后再揭开。

③凡遇大风天气时，白天要注意把塑料薄膜固定好，不使被风吹跑。傍晚盖苫时，要注意顺风向压盖草苫子，必要时，加盖一层草苫，并将四周压好，防止夜间大风吹跑覆盖物，使秧苗受冻。北风天气时，因有风障挡风，如果天气晴朗，仍应适当通风，避免畦温过高。育苗中后期遇南风天气时，因气温往往偏高，常因急于通风或不注意通风口方向，使风直接吹入畦内，造成伤苗。遇此情况，可在育苗畦的里口通风。另外，大风天气还要注意将薄膜固定好。

三、露地蔬菜

露地栽培是利用自然光照和热源进行露地直播或育苗移栽的栽培方式。从经济效益来说，这种栽培方式成本较低，栽培面积大，是主要的蔬菜栽培的方式之一。可以与春早熟栽培、秋延迟栽培、地面覆膜栽培等栽培方式相互结合。

1. 白菜栽培技术

白菜是十字花科（Cruciferae）芸薹属芸薹种白菜亚种的一个变种，以绿叶为产品的草本植物。

（1）主要栽培品种。胶州大白菜、天津绿、黄心白菜等。

（2）育苗。8月10—15日，为适播期。施腐熟有机肥，做1.2～1.5米宽畦，按每亩大田需苗床25～30平方米，播种量50克。

（3）移栽。8月30至9月5日开始移栽。移栽前，做好移栽畦的整理工作，施足基肥，穴栽，移栽后，浇足移栽水，适当遮阳。

（4）水肥管理。

①施肥：

a. 3～4片真叶期，10千克/亩硫酸铵，撒施于幼苗两侧，并立即浇水。

b. 在定苗或育苗移栽后，15～20千克/亩硫酸铵，于垄两侧开沟施入。

c. 在莲座期，25～30千克/亩硫酸铵，10～15千克/亩过磷酸钙，将肥料施入沟内或穴内，稍加培土扶垄，然后浇水。

d. 在结球中期，每15～20千克/亩施硫酸铵，可随水冲。

②浇水：

a. 团棵到莲座期。

b. 第三次追肥后。

c. 入结球期后，一般5～6天浇1次水，使土壤保持湿润。

（5）病虫害防治。

①50%辟蚜雾可湿性粉剂2 000～3 000倍液或10%吡虫啉可湿性粉剂2 000倍液喷施防蚜。

②细菌性杀虫剂Bt乳油或青虫菌液剂500～800倍喷雾防治菜青虫。

③选用58%甲霜灵锰锌可湿性粉剂防治霜霉病；4.72%农用链霉素3 000～4 000倍液防治软腐病。

（6）收获。小雪前后，进行收获。

2. 胡萝卜栽培技术

胡萝卜是古代从国外引种而来的一种根茎类植物，素有"小人参"之称。

（1）主要栽培品种。京红五寸（F_1）、红芯一号（F_1）、红芯二号（F_1）、红芯三号（F_1）、红芯四号（F_1）、红芯五号（F_1）、红芯六号（F_1）。

（2）播种。采用直播的方式。7月中下旬开展播种。可高垄播种，也可平畦播种，但以高垄播种效果最好。整平地后打畦做垄，垄面宽60～70厘米，垄沟宽30～40厘米，沟深20厘米左右。垄面表土细碎、平整。

（3）水肥管理。

①施肥：以基肥为主，追肥为辅，播种前施足基肥，4 000～5 000千克/亩。追肥主要在生长前期使用，但氮肥不宜过多，可施10千克+10千克/亩尿素+硫酸钾。

②浇水：保持地表见干见湿。

（4）病虫害防治。胡萝卜病虫害较少，主要病虫害主要为：细菌性软腐病，真菌性软腐病和黑腐病。农用链霉素或新植霉素5 000倍液防治细菌性软腐病；50%多菌灵可湿性粉剂300～500倍液防治真菌性软腐病；吡虫啉1 000倍，灭扫利2 000倍防治蚜虫。

（5）收获。小雪前后，进行收获。

3. 马铃薯栽培技术

马铃薯原产于南美洲，草本，地下茎块状，扁圆形或高15～80厘米，无毛或被疏柔毛，19世纪初，传入我国。

（1）主要栽培品种。鲁引1号、荷兰15。

（2）播种。直播：播种前1周马铃薯切至25克以上，每块至少1个芽眼以上，用多菌灵（粉剂）和滑石粉拌种（50千克/150克多菌灵、滑石粉适量能均匀与马铃薯块切面沾匀即可），头、尾分开种植。用种量为125千克/亩。播种时期为3月中旬（以土壤没有冰块为准），采用双行播种（行距1.2米；株距18～20厘米/棵，深度为马铃薯向上10～12厘米）。

（3）水肥管理。

①浇水：马铃薯秧长到20厘米时，开始浇水。收获前10～15天停止浇水。

②追肥：每次滴灌不空肥，选用硫酸钾或是纯硫基复合肥5千克/亩/次。采用"前期少、中期多、后期持续"的施肥方案，做到适量、平衡、精准施肥。

（4）病虫害防治。马铃薯病虫害的主要防治对象为飞虱、蚜虫，早疫病、晚疫病。采用20%氰戊菊醋乳油2 000倍液、40%乐果乳油1 000倍液进行叶面喷施防治飞虱和蚜虫；采用70%代森锰锌可湿性粉剂，用量为175～225克/亩，对水后进行叶面喷施防治早疫和晚疫病。

（5）收获。5—6月收获。

4.大蒜栽培技术

大蒜（学名：Garlic）又称蒜头、大蒜头、胡蒜、葫、独蒜、独头蒜，是蒜类植物的统称。半年生草本植物，百合科葱属，呈扁球形或短圆锥形，外面有灰白色或淡棕色膜质鳞皮，剥去鳞叶，内有6～10个蒜瓣，轮生于花茎的周围，茎基部盘状，生有多数须根。

（1）品种。紫皮大蒜、白皮大蒜。

（2）播种。直播：9月上旬至10月上旬播种，最迟不得超过10月中旬。播种采取穴植，每穴2～3瓣，间距17厘米×20厘米，深度保持在0.02～0.3米，播种后覆盖一层草木灰或浇上一层泥沙浆。亩播种量120～140千克。

（3）水肥管理。

①施肥：

a.基肥　亩施碳酸氢铵20～25千克，过磷酸钙8～10千克，氯化钾4~5千克，或复混肥15~20千克。

b. 苗肥　全苗后三叶初，每亩施入畜粪尿1 500~2 000千克，对加5千克尿素。

c. 腊肥　冬至翌春，每亩施碳酸氢铵10千克，人畜粪1 000~1 200千克。

d. 抽薹肥　大蒜抽薹期，每亩施尿素15千克。

e. 叶面喷肥　蒜头急速膨大期，亩喷施0.2%~0.3%磷酸二氢钾溶液。

②浇水：

a. 播种浇水。

b. 清明后浇水。

c. 大蒜抽薹前浇水。

d. 抽薹后再浇水。

（4）病虫害防治。大蒜主要病虫害有疫病、咖啡豆象。亩用25%多菌灵100克对水50千克喷雾防治疫病；大蒜咖啡豆象可用磷化铝每立方米3~5克熏蒸防治。

（5）收获。4—5月收获。

四、设施蔬菜

设施蔬菜是在人工创造的小环境下，开展的一种蔬菜生产方式。目前常见的生产方式为小拱棚、大中拱棚、日光温室3种生产模式。从经济效益来说，设施蔬菜投资大，效益高。据农业部门统计在不计算人工成本的前提下，小拱棚平均每亩投入2 438.5元，产出12 678.4元，投入产出比为0.192，大中拱棚平均每亩投入7 140.2元，产出30 360.6元，投入产出比为0.232，日光温室平均每亩投入9 885.3元，产出52 233.4元，投入产出比0.189（2015年调查统计）。从收益看，日光温室栽培模式是收益最高的一种栽培模式，从投入产出比来看，大中拱棚栽培模式是一种投入产出最适的一种种植模式。

1. 小拱棚—韭菜种植技术

韭菜属百合科多年生草本植物，具特殊强烈气味，根茎横卧，鳞茎狭圆锥形，簇生；鳞式外皮黄褐色，网状纤维质；叶基生，条形，扁平；伞形花序，顶生。

（1）主要栽培品种。平韭4、平韭6、四季苔韭、汉中雪韭、791雪韭。

（2）播种。播前土壤深耕20厘米以下，结合施肥，耕后细耙，整平做畦3月下旬至5月上旬开始播种，直播播种量4～5千克/亩，移栽1.5～2千克。

（3）移栽。春播苗应在夏至后定植。剪短须根（只留2～3厘米），剪短叶尖（留叶长10厘米）。在畦内按行距18～20厘米、穴距10厘米，每穴栽苗7～10株。

（4）水肥管理。

①定植后，新根新叶出现，追肥浇水，每亩随水追施尿素10～15千克。

②根据墒情，浇水，保持地面湿润。

③每收割1次，追1次肥，收割后株高长至10厘米时，结合培土，施速效氮肥，每亩追施尿素8千克。

（5）收获。小拱棚韭菜一般每年3～4刀，一般韭菜在25厘米左右开始收割。

2. 大中拱棚—西瓜栽培技术

西瓜是一年生蔓生藤本，果实大型，近于球形或椭圆形，肉质，多汁，果皮光滑，色泽及纹饰各式。种子多数，卵形，黑色、红色，两面平滑，基部钝圆，通常边缘稍拱起。为提高经济效益，我们积极推广小型西瓜品种。

（1）主要栽培品种。小蓝、拿比特、宝冠等。

（2）播种。12月上中旬至元月初播种育苗，采用营养钵育苗。

（3）移栽。整地起畦，一般垄宽70厘米，沟宽50厘米。垄起好后浇水，稍干按株距挖穴，每亩定植1 600~1 700株。

（4）水肥管理。

①施肥：基肥10吨/亩有机肥，20千克磷酸二铵，果实膨大期之前分2~3次，每次45%追入硫酸钾30~50千克，氮肥少量多次。

②浇水：苗期一般掌握不干不浇，甩蔓期适当浇水，幼瓜长到鸡蛋大小时结合施肥浇1次透水，促进果实膨大。

（5）病虫害防治。45%晶体石硫合剂500~600倍液防治白粉病；杜邦万灵、赛丹防治蚜虫1.80%的虫螨克防治叶螨、斑潜蝇。

（6）收获。4—5月收获。

3. 大中拱棚—甜瓜栽培技术

甜瓜是葫芦科黄瓜属一年生蔓性草本植物，叶心脏形。果实的形状、颜色因品种而异，有香味，果皮平滑；种子污白色。果实作水果或蔬菜。原产非洲和亚洲热带地区，鲜果食用为主，也可制作瓜干、瓜脯、瓜汁、瓜酱及腌渍品等。

（1）主要栽培品种。骄雪五、骄雪六、棚抗518、胜雪、景甜1号。

（2）育苗。12月上中旬至元月初播种育苗，采用营养钵育苗。

（3）移栽。株行距（45~50）厘米×70厘米，亩保苗1 900~2 100株，坑深15厘米。定植穴施入少许有机肥和无机肥。瓜苗入坑后使瓜土坨上距畦面2~3厘米，周围用细土围好，浇足定植水。

（4）水肥管理。

①施肥：

a. 幼苗期以氮、磷为主，促进根系发达。

b. 伸蔓期应以氮肥为主，促进茎叶健壮生长。

c. 结瓜期以钾、氮为主，以改进果实品质。

②浇水：

a. 定植后7～10天浇1次缓苗水。

b. 坐瓜后，大多数瓜长致鸡蛋大小时浇水。

c. 从膨瓜到成熟根据土壤墒情、植株长势浇水，切忌忽干忽湿，以防裂瓜。

（5）病虫害防治。

①田间悬挂黄色胶纸（板）防治蚜虫、白粉虱、潜叶蝇等害虫。

②潜叶蝇、螨类用0.6%灭虫灵1 500倍防治；蚜虫、蓟马用10%吡虫啉3 000倍防治，瓜绢螟用5%锐劲特2 500倍液防治。

③蔓枯病用70%甲基托布津拌成糊状涂茎病部。

④病毒病用20%病毒A 500倍液喷雾。

（6）收获。4—5月收获。

4. 早春番茄栽培技术

番茄是茄科番茄属一年生或多年生草本植物，肉质而多汁液，种子黄色，原产南美洲，中国南北方广泛栽培，可以生食、煮食、加工番茄酱、汁或整果罐藏。

（1）主要栽培品种。选择抗TY病毒基因、中果以上、早中熟、产量高、果皮厚、硬度高、耐储运、货架期长的品种，如万丽粉、红娇、中研100等。

（2）定植。1月定值。按照，40厘米宽、20厘米高的埂，100

厘米的畦面做畦，在100厘米的畦面的中间取60厘米行距按照40厘米的株距挖穴定植，定值后及时浇定植水。

（3）水肥管理。

①定植水。

②缓苗水。

③促秧水，结合浇水冲施"平衡型水溶肥"5千克/亩，以后停止浇水，促根控秧。

④第一穗果坐住进入膨大期浇膨果水，结合浇水追肥"高钾水溶肥5千克/亩。

⑤第四果实坐住后，结合浇水追肥以"高钾型水溶肥"为主，"平衡型水溶肥"调节高钾型水溶肥15千克/亩。

（4）病虫害防治。

①"灰核净烟雾剂"熏棚防治灰霉病。

②"向农1号"药剂防治叶霉病、早疫病和晚疫病。

③喷施钙元素叶面肥防治脐腐病。

（5）收获。4月中旬至6月中旬收获。

5.秋延迟番茄栽培技术

番茄是茄科番茄属一年生或多年生草本植物，肉质而多汁液，种子黄色，原产南美洲，中国南北方广泛栽培，可以生食、煮食、加工番茄酱、汁或整果罐藏。

（1）主要栽培品种。选用适应性较强、抗病、丰产、品质较好的矮秧早熟品种，如早丰、早魁、号、强力米寿、西粉3号、浙粉杂3号、浦红6号等。

（2）定植。7—8月定值。定值前整地做畦（与早春栽培相同），定植密度略大，株行距33厘米×30厘米，栽后浇水。

（3）水肥管理。

①定植初期加强中耕和雨后排水，灌水适量。

②第一穗果有鸽子蛋大时，浇水施肥。

③第三穗花现蕾时，浇水施肥。

④第三穗果坐稳之后，浇水施肥，施肥量参考早春栽培。

（4）病虫害防治。

①病毒A防治病毒病。

②"向农一号"防治灰霉病。

③10%吡虫啉防治蚜虫。

（5）收获。10月中旬至翌年2月下旬收获。

6. 厚皮甜瓜冬春茬栽培技术

（1）品种选择。宜选用果型端正、果大肉厚、果实含糖量高、味芳香、耐储运、成熟果实不易落果、植株长势强的抗病品种。如新世纪、鲁厚甜一号、西州蜜25号等。

（2）培育适龄壮苗。播种前可用多菌灵500~600倍液浸种15分钟，捞出清洗后再用温水浸种，水温达30℃时浸3~4小时。稍晾后，在25~30℃的温度下催芽，24~36小时可出齐芽，然后播入浇透水的营养钵内，每钵一粒种子覆细土1~1.5厘米。播种后出苗前，苗床温度白天30℃左右，夜间16~18℃；出苗后，白天温度25℃左右，夜间13~15℃；秧苗破心后，白天25~30℃，夜间15~18℃。待秧苗三叶一心，日历苗龄30~35天，即可安排定植。为培育壮苗，育苗期间，不透明覆盖物可尽量早揭晚盖，以延长见光时间。还可用0.2%尿素加0.2%磷酸二氢钾钾等，进行1~2次叶面追肥。为预防枯萎病等土传病害，可用南瓜、瓠瓜或抗病甜瓜做砧木，培育嫁接苗。

（3）施肥、整地、作垄。定植前10~15天，每亩施腐熟的优质圈肥60 000千克，混施腐熟的鸡粪500~1 000千克和过磷酸钙40~50千克，施肥后深翻耙平。栽培厚皮甜瓜宜采用宽垄栽植。垄的做法是：按1.8米一个播幅，大垄双行栽植。2行甜瓜之间的小行距60~70厘米，大行距120~110厘米。做垄时，每亩用量40千克氮、磷、钾三元复合肥，施于垄下。土壤墒情不好，应提前10~15天浇水造墒。

（4）适期定植与合理密植。定植时棚内10厘米地温应稳定在15℃以上，棚内最低气温不低于13℃，选择晴天上午进行，按株距在垄上挖穴点浇水，将带土坨的秧苗放入穴内，然后浇水，使水湿透土坨，水渗后覆土。单蔓整枝的早熟品种，株距40~50厘米，每亩栽植1 500~1 800株，定植后即刻覆盖地膜，或细中耕1~2次后盖膜。

（5）田间管理。主要包括整枝、引蔓、人工授粉、选瓜吊瓜、肥水管理、棚内温度管理及病虫害防治等。

①整枝引蔓：厚皮甜瓜为孙蔓结瓜，整枝的做法是缓苗后，4~5片叶时将主蔓摘心，促发侧蔓（子蔓），单蔓整枝时，在发出的侧蔓中选留一个生长健壮的侧蔓，并将其引导缠到吊绳上，将其余侧蔓全部摘除。若双蔓整枝时，可从发出的侧蔓中选留两条长势相当的侧蔓引上吊绳，去掉其他侧蔓，侧蔓上长出的孙蔓上均有雌花或两性花，留瓜一般于12~14节的孙蔓上留瓜，为确保坐果，可连续授粉3~4个节位，待坐瓜后，摘除上部所生的孙蔓。定瓜后，再于留瓜节位向上留10~12片叶子摘心，留瓜的孙蔓，留1~2片叶子摘心。

②人工授粉与留瓜、吊瓜：在上午9：00—10：00，将当天新开的雄花摘下，将雄花花冠摘除，露出雄蕊，往结瓜花开花的柱头上轻轻涂抹，若雄花不足，1朵雄花可涂3~4朵结瓜花。当幼瓜长到如鸡蛋大小时，应当选瓜、留瓜。单蔓整枝时一般只留1个瓜，

选果形发育周整、果实较大的瓜留下，其余的瓜全部摘去。果实较小的品种，如伊丽莎白，可采用双蔓整枝，每个蔓上留1个瓜，所留的两个瓜在相同节位上。当瓜长到250~300克时，应及时吊瓜。吊瓜的高矮应尽量一致，以便于管理。

③肥水管理：定植缓苗后和定瓜后各追施1次肥。苗期追肥于摘心后进行，于植株附近开浅沟，每亩施硫酸铵10千克左右，定瓜后每亩施腐熟捣细的饼肥50~75千克，或用氮、磷、钾复合肥20~30千克。瓜膨大期还可进行叶面追肥，可喷施0.2%的磷酸二氢钾2~3遍。水分管理：于第一次追肥后浇1次水，促茎叶生长。定瓜后结合追肥浇膨瓜水，瓜基本长成后再浇1次水。

④棚内温、湿度等条件的控制：前期棚温管理上应以保温为主，尽量少通风、晚通风，为降低棚内空气湿度，采用地膜覆盖。随天气转暖，要注意加大通风量，在瓜成熟期，为增加昼夜温差，夜间可不关通风口。在每次浇水之后，应视天气状况加大通风量，以排出湿气。

⑤病虫害防治：厚皮甜瓜易发生白粉病、霜霉病、枯萎病，以及角斑病、炭疽病等，主要采用物理和生物制剂进行防治。

⑥收获：根据品种熟性及保护设施的温度状况，推算和验证果实的成熟度，也可根据该品种成熟果实的固有色泽、花纹、网纹等进行判断，收获应带果柄和一段茎蔓剪下，轻拿轻放，放入事前备好的容器中。

7. 日光温室—黄瓜栽培技术

黄瓜葫芦科一年生蔓生或攀援草本植物。果实长圆形或圆柱形，熟时黄绿色，表面粗糙。种子小，狭卵形，白色，无边缘。

（1）主要栽培品种。津优系列、津育系列、绿优系列等。

（2）定植。9月开始定植，苗子要求3~4片真叶、10~13厘米高，平均行距65厘米，株距23厘米。

（3）水肥管理。

①浇水：

a. 结瓜期严格、科学浇水。结瓜前期7~10天浇1次。

b. 卷须呈弧状下坠，叶柄和茎之间夹角超过45℃，中午叶片有下坠现象时，及时浇水。

c. 春季进入结瓜盛期后，逐渐缩短浇水间隔天数，3~4天浇1次水。

②施肥：

a. 施足基肥。

b. 采瓜后，每15天左右追肥1次，磷酸二铵10千克/亩。

c. 春季进入结瓜盛期，每6~8天1次，每亩次硝酸铵15~2千克。

d. 结瓜高峰期过后，追肥次数减少，促使茎叶养分向根内回流，延长结瓜期。

（4）病虫害防治。

①75%百菌清600~800倍液防治霜霉病。

②农用链素200毫升/千克防治细菌角瘢病。

③25%粉锈宁可湿性粉剂2 000~3 000倍液防治白粉病。

④70%甲基托布津500倍液、或用50%多菌灵600倍液防治炭疽病。

⑤速克灵烟剂熏蒸防治灰霉病。

（5）收获。11月至翌年6月收获。

8. 日光温室—五彩椒栽培技术

五彩椒辣椒的变种，茄科辣椒属多年生草本植物，同一株果实可有红、黄、紫、白等各种颜色，有光泽。

（1）主栽品种。红太极、黄太极、曼迪、萨菲罗、方舟、黄欧宝、塔兰多、黄贵人、紫贵人、白红将军等。

（2）定植。8月中下旬定植，整地做畦，垄宽80厘米，垄距130厘米，垄高20厘米；宽行窄行并行种植，窄行行距40～50厘米，宽行60～80厘米，株距35～50厘米，木棍打洞栽植。

（3）水肥管理。

①坐稳果后追肥，每亩追优质氮磷钾复合肥20千克、硫酸钾18千克、尿素6千克。

②后根据五彩椒长势和上市价格，灵活确定追肥数量和次数。

③用膜下滴灌或膜下暗灌，冬天浇水本着晴天浇水、上午浇水、膜下浇水、浇小水、浇地下水。

（4）病虫害防治。

①1.5%的植病灵800倍液喷雾防治防治病毒病。

②50%的多菌灵可湿性粉剂600倍液灌根防治根腐病。

③50%的辟蚜雾可湿性粉剂5 000倍液喷杀防治蚜虫。

（5）收获。1—3月收获。

五、设施蔬菜熊蜂授粉技术

在设施栽培中，利用熊蜂在密闭的环境条件下，代替人工授粉的技术。熊蜂具有旺盛的采集力，能抵抗恶劣的环境，对低温、低光密度适应力强，在蜜蜂不出集的阴冷天气，熊蜂可以继续在田间采集。用蜂给温室蔬菜授粉，不但可以提高产量，而且可以改善果菜品质，养活畸形果菜的比率，解决运用化学授粉所带来的激素污染等问题。

1. 使用方法

（1）引入蜂群。在花期将授粉蜂的蜂箱搬入大棚，冬季可悬挂在棚顶下方，夏季垫高约60厘米置于阴凉处。蜂箱有2个开口，一个是可进可出的开口A，另一个是只进不出的开口B。正常作业时，可封住B，打开A，允许熊蜂自由进出。当需要喷药时，可挡住A，打开B，使室内熊蜂全部回到蜂箱，免受药害。使用蜂授粉一般在傍晚时将蜂箱带入棚内，1小时内，打开蜂箱两个口。蜂工作时会在花瓣上留下肉眼可见的棕色印记（称为"蜂吻"）。在番茄盛花期，一般每亩放50～80只蜂，使用2个月后更新。蜂对高温敏感，夏季使用时在蜂箱顶部放置清水可帮助蜂群降低巢内温度。

（2）蜂箱的安置。蜂箱安置在贴近地面约50厘米的位置。为防止蚂蚁危害蜂群，可以在地面上放置一盆清水，在盆中间垫不吸水的材料，蜂箱放置于其上。在夏天，在蜂箱的顶部置一小块遮阳网，并适当降低蜂箱高度。

（3）蜂群的使用时间及效果。蜂群的正常使用时间为2个月，在温室条件适宜的情况下，蜂群的使用时间还可以延长。由于熊蜂的授粉能力极强，少量工蜂即能充分满足作物授粉需要，要以作物花朵的坐果情况判断授粉情况，一般蜂授粉过的花朵会有黑色的咬啮痕迹。

2. 注意事项

一是温室内部的温室最好不要超过35℃。夏天温度高的时候，适当延长放风时间，增加放风口的宽度有利于降低棚内温度。二是在花粉过少的情况下，难以吸引熊蜂出巢采集花粉，同时也会影响熊蜂蜂群的发育，此时需要在蜂巢中投入一些花粉，以维持熊蜂蜂群的发育。三是防止蜇人，避免强烈振动或敲击蜂箱，不要穿蓝色衣服及使用香水等化妆品，以免吸引熊蜂。四是合理使用农药，不要底施、喷施、熏蒸高毒、高内吸、高残留的药剂。如需打药或熏药，应将蜂群搬到其他未打药棚室后再施药，蜂群安全间隔期后再放回原地。严禁施用具有缓效作用的杀虫剂、可湿性粉剂、烟熏剂及含有硫黄的农药。五是种植过程中，请在放风口处压紧防虫网，防止熊蜂飞逃，作物25%以上开花后即可使用熊蜂。

六、蔬菜无土栽培技术

无土栽培是不用土壤，用石英砂、蛭石、泥炭、锯屑、菌渣等作为支持介质，使根系生长在其中，通过将人工配制的培养液，供给植物，满足植物对矿物营养的需要。无土栽培的环境是人工创造的作物生长环境，可以取代土壤的环境，使用无土栽培可以满足作物对于养分、水分、空气等条件的需要。

1. 营养液的配置

配制营养液要考虑到化学试剂的纯度和成本，生产上可以使用化肥以降低成本。配制的方法是先配出母液（原液），再进行稀释，可以节省容器便于保存。需将含钙的物质单独盛在一容器内，使用时将母液稀释后再与含钙物质的稀释液相混合，尽量避免形成沉淀。营养液的pH值要经过测定，必须调整到适于作物生育的pH值范围，水增时尤其要注意pH值的调整，以免发生毒害。

2. 无土栽培的方法

目前生产上常用有水培、雾（气）培、基质栽培。水培是指植物根系直接与营养液接触，不用基质的栽培方法。根系与土壤隔离，可避免各种土传病害，也无需进行土壤消毒，灌溉技术大大简化，不必每天计算作物需水量，营养元素均衡供给。雾气培是将营养液压缩成气雾状而直接喷到作物的根系上，根系悬挂于容器的空间内部。通常是用聚丙烯泡沫塑料板，其上按一定距离钻孔，于孔中栽培作物。两块泡沫板斜搭成三角形，形成空间，供液管道在三角形空间内通过，向悬垂下来的根系上喷雾。一般每间隔2~3分钟喷雾几秒钟，营养液循环利用，同时保证作物根系有充足的氧气。基质栽培是无土栽培中推广面积最大的一种方式。它是将作物的根系固定在有机或无机的基质中，通过滴灌或细流灌溉的方法，供给作物营养液。栽培基质可以装入塑料袋内，或铺于栽培沟或槽内。基质栽培缓冲能力强，不存在水分、养分与氧气之间的矛盾，且设备较水培和雾培简单，甚至可不需要动力，所以，投资少、成本低，生产中普遍采用。

3. 无土栽培的基质种类

基质的作用是固定和支持作物，吸附营养液，增强根系的透气性。基质是十分重要的材料，直接关系栽培的成败。可根据当地基质来源，因地制宜地加以选择，尽量选用原料丰富易得、价格低廉、理化性状好的材料作为无土栽培的基质，如珍珠岩、岩棉、锯木屑、菌渣等。对基质的要求：一是具有一定大小的固形物质。按着粒径大小可分为5级、即1毫米；1~5毫米；5~10毫米；10~20毫米；20~50毫米。可以根据栽培作物种类、根系生长特点、当地资源状况加以选择。二是具有良好的物理性质。基质必须疏松，保水保肥又透气。对蔬菜作物比较理想的基质，其粒径最好以0.5~10毫米，具有稳定的化学性状，本身不含有害成分，不使营养液发生变化。三是要求基质取材方便，来源广泛，价格低廉。

七、组装式日光温室建造技术

组装式日光温室指将支撑固件、墙体、保温、透光等材料设计加工成标准件，通过标准件组装在一起，可方便拆装和移动的日光温室。

1. 基本要求

合理的日光温室采光屋面角度宜为24°~26°。采光屋面形状为圆—抛物面复合型或拱圆形。以稻草砖为后墙及山墙材料的组装式日光温室,可采用两层草砖,三层无纺布,一层长寿膜,一层防潮膜,彩钢复合板等组成。日光温室设计荷载应符合GB/T 18622的要求。各部位的承载力必须大于可能承受的最大荷载。活载的大小确定主要依据当地20年一遇的最大风速、最大降水和降雪量。

2. 结构参数

结构参数见下表。

表　日光温室结构参数

棚内跨度（米）	前跨（米）	后跨（米）	脊高（米）	后墙高（米）	采光屋面角	后屋面仰角
10	9.0~9.2	1.0~0.8	4.0~4.2	3.0~3.2	24°~26°	45°~47°
11	10~10.2	1.0~0.8	4.4~4.7	3.4~3.6	24°~26°	45°~47°
12	11~11.2	1.0~0.8	4.9~5.2	3.8~4.0	24°~25°	45°~47°

3. 选址与场地规划

选择土层深厚,地下水位低,富含有机质,环境条件应符合要求,周围无遮阴物,通风条件良好,避开风口,灌水、排水方便,水质符合要求,交通、电力方便。温室长度一般为60~100米,跨度10~12米。坐北朝南,东西延长,正南或偏东、偏西5°。前后温室间距为前栋温室脊高的2倍以上。

4. 建造施工

地梁:先挖地槽,地槽为400毫米（宽）×300毫米（高）,

底部采用3∶7的灰土夯实，厚度为200毫米。混凝土地梁选用Φ8毫米螺纹钢4根，每两米加Φ6毫米螺纹钢环，制成钢结构笼子，然后浇注200毫米×200毫米混凝土。按设计拱架间距校正预埋底脚螺栓（"U"形螺丝），应严格控制偏差。拱架制作：选用国标Φ60毫米×2毫米的热镀锌钢管，加工成75毫米×30毫米×2毫米的椭圆管材，再根据跨度要求用数控自动弯管机做成成型拱架。温室骨架由前后两条拱架组合而成，前后拱架连接处收口插接用Φ14毫米的螺栓固定。也可用"几"字钢等型材作为骨架材料。稻草砖制作：选用含水量小于5%的干稻草和抗老化涤纶高强线，通过专用稻草制砖压缩机，将厚度30厘米稻草压缩缝制成厚6厘米、宽150厘米、长630厘米、重11.5千克/平方米左右的草砖。整体骨架安装：先安装山墙骨架，由南向北按间距80~100厘米依次排列垂直于地面的椭圆钢管（规格为：75毫米×30毫米×2毫米）固定骨架，钢管与山墙预埋件（"U"形螺丝）通过用螺丝固定，在墙体内侧每隔2~2.5米立与地面成60°斜柱（规格为：75毫米×30毫米×2毫米）以增强对山墙的固定支撑，斜柱与地面预埋件固定。然后，自东向西依次安装骨架，间距80~100厘米，骨架底脚用Φ8毫米螺丝与地梁上的预埋件固定。骨架间用Φ20毫米纵向拉杆连接，通过销子、卡子固定，使整个骨架连成一体。纵拉杆间距50~200厘米，靠近后屋面的地方承重大间距小，前坡面间距大。压膜槽和上放风口安装：在拱架上纵向安装压膜槽，用于固定棚膜。从地梁底角至拱架上弧8米处开始布设防膜下坠钢丝，每隔20厘米一道，钢丝两头通至两山墙拱架并固定，共11道钢丝全部固定在山墙拱架上，钢丝上平铺防下坠钢塑网并用17#不生锈铁丝固定，在钢塑网上平铺固定60目的防虫网（放风口网）。墙体及后屋面的安装：使用制作好的稻草砖两层，两层草砖外加一层保护草砖长寿塑料薄膜，厚度为0.1毫米，外侧底部向上再加一层高50~60厘米的彩钢复合板。内侧加一层450克/平方米的无纺布，外侧加两层无纺布，草砖底部加一层防潮长寿塑料薄膜，最外表层安装单层彩钢板覆盖的聚苯板（聚苯板密度8千克/立方米、厚度75毫米）。将双层草砖用5道（与草砖方向垂直，等距离排列）14#不生锈铁丝固定在骨架上，草砖与草砖之间用不生锈铁丝连紧；2层草砖错缝安装，相互搭接，组装严密；把草砖防潮膜上翻500毫米拉紧固定在草砖上；用17#不生锈铁丝贯穿墙体把无纺布固定在骨架上；在无纺布层外面，用5排Φ8毫米的镀锌螺栓，东西向间距95厘米，上下均匀分布，贯穿保温墙固定，螺丝里外加Φ50毫米垫片。后墙体、后屋面、两山墙墙体安装材料同等。覆盖物安装。透明覆盖物选用厚度≥0.08毫米的EVA、PO等抗老化消雾无滴功能性棚膜，通过压膜槽固定，必要时加压膜线。不透明覆盖物宜选用保温被作为日光温室的不透明覆盖物，用电动卷帘机卷放保温被，结合卷帘机一起进行安装调试。

第十章　冬枣绿色高效生产技术

一、冬枣萌动期管理

1. 防治对象

此期主要任务是消灭红蜘蛛、盲蝽象、轮纹病、嫩梢焦枯病、溃疡病、叶枯病等越冬虫（病）源。

2. 控制措施

（1）清洁田园。要将去除的病虫枝、树皮、杂草等带出园外烧毁，特别注意剪除带有盲蝽象卵的残茬。

（2）耕翻树盘土壤，深度20厘米以上。深耕既可疏松土壤，增加透气性，提高地温，有利于根系发育，同时，可消灭大部分在土中越冬的害虫。

（3）注意增施有机肥。土壤肥力较差的枣园，应尽可能加大基肥使用量，去年秋天未施基肥的枣园，春季应尽早施用，也可结合催芽肥一起施用。基肥以粪肥、厩肥等有机肥为主。施肥量要因地、因树制宜，一般基肥每棵树100千克左右。

（4）合理的使用化肥。催芽肥以速效氮肥为主，可用尿素、磷酸二氨或充分腐熟人粪尿。追施速效肥以尿素为例，幼树一般每株使用0.2千克左右，成龄大树每株使用0.5千克左右，对树势较弱的枣园应适当增加肥量，但施肥量也不能过大，因为冬枣属中庸偏弱果树，具有强不生蕾、弱不结实的特性。追肥后要及时浇水，有利于充分发挥肥效，促使冬枣萌芽整齐一致，生长旺盛，有利于花芽分化，打下丰产基础。同时，能提高树体抗病性，能够减轻冬枣病害的发生。

（5）涂抹粘虫环。要把握要领，即刮除树干翘皮后，在分枝下绕树干涂一层2~3厘米宽的粘虫胶环，涂抹粘虫环后要撤掉支架、拉绳等与地面连接的物体。风尘天气要及时刷除胶带上的尘土、飞絮和虫体等。国家专利专利产品"冀林牌®无公害粘虫胶"在示范区进行了试验示范，结果表明：春、夏在树干分枝下涂抹2次，对红蜘蛛防效达95%以上，对绿盲蝽、枣粉蚧、枣尺蠖等害虫防效达70%以上。粘虫效果达3个月以上。但注意粘虫胶不能涂在甲口处。

二、冬枣萌芽期管理

1. 防治对象

此期主要防治盲蝽象、枣瘿蚊、枣锈壁虱、枣尺蠖、疱斑病等病虫害，兼治红蜘蛛、枣黏虫、甲口虫、大灰象甲等害虫。

2. 控制措施

（1）安装电子杀虫灯。于树冠上方20厘米左右，每30~40亩安装一盏电子杀虫灯。成虫盛发期夜开昼关。

（2）药剂防治。4月中旬初喷1遍3 000~4 000倍1.8%阿维菌素；4月中旬喷施1次1 500~2 000倍液10%世高水分散粒剂+1 500倍2.5%功夫水乳剂；4月下旬再喷1次1 000倍10%抗虫速灭乳油。

一般用药间隔7~10天，上午10：00以前或16：00以后施药效果最好。视病虫发生情况，可增加或减少用药次数。

（3）抹芽。从4月下旬开始，对萌发的新枣头，如不需要做延长枝和结果枝组培养，则都应将它从基部抹掉，越早越好。

三、冬枣抽枝展叶期管理

1. 防治对象

5月上旬以防治绿盲蝽、锈壁虱为重点，兼治枣尺蠖、枣瘿蚊等害虫；5月下旬重点预防冬枣黑斑病、溃疡病等，兼治冬枣枝干病害。此期如果防治的比较彻底，对预防花期病虫为害十分重要。

2. 控制措施

（1）摘心。从5月中旬开始，除对留作培养主枝延长枝和侧枝的以外，对其余树枝，都要根据空间大小进行摘心。如有空间培养大型枝组的枣头，可在7~9节时摘心，其上面的二次枝在6~7节后摘心，如果空间小可再减少2~3节摘心。从5月下旬开始，当枣吊第9~10片叶展开后，将生长点摘除，可以加工成冬枣茶，该项措施能够促进坐果，具有显著的增产效应。

（2）疏枝。从5月中旬开始，对膛内过密的多年生枝条及骨干枝上萌生的幼龄枝条，凡位置不当，影响通风透光，不作为更新枝利用的、在冬剪时没有疏掉的枝条及时疏除。

（3）拉枝。从5月中旬开始，对生长直立和摘心后的枣头，用绳子将其拉成水平状态，抑制枝条顶端生长素的形成，控制枝条再次生长，以积累养分，促进花芽分化，提高开花结实率。

（4）除草。降水或灌水后，及时中耕除草，深度5~10厘米。在农业措施不足以控制草害时，可于5月中下旬，每亩用20%克无踪水剂150~200毫升+96%金都尔乳油80毫升进行树下定向喷雾，既可防除已长出的杂草，也可预防以后杂草生长。其后视杂草发生情况决定是否二次用药。注意除草剂不可喷溅到树叶和幼嫩枝条上，开花坐果期慎用除草剂，以免发生药害。

（5）化学调控。对于树势较弱的枣园可于5月上中旬3 000～4 000倍芸薹素内酯（如天丰素、油菜素、云大120等），以促进生长，而树势较强的枣园当花前枣吊长出8～9叶时，喷1次2 000～2 500毫升/升的多效唑或助壮素，能显著提高坐果率。

（6）防治害虫。可用90%万灵可湿性粉剂3 000倍，或用2.5%功夫水乳剂1 500倍，或用48%毒死蜱（乐斯本）1 500倍喷雾防治，也可用康宽、垄歌等药剂防治，视害虫发生情况，防治2～4次。

（7）防治病害。可用10%世高水分散粒剂2 000倍液或者40%福星乳油8 000倍于5月上旬防治1次，5月中旬用20%龙克菌悬浮剂600倍，或者用1.5%多抗霉素400倍+3%克菌康600倍，或者用20.67%万兴乳油2 000～3 000倍防治1次，5月下旬末再用25%阿米西达悬浮剂1 500倍+88%水合霉素1 500倍或者72%农用链霉素3 000倍喷雾防治。

四、冬枣花果期管理

1. 防治对象

此期主要防治绿盲蝽、枣锈壁虱、甲口虫、黑斑病、溃疡病、叶枯病、嫩梢焦枯病、枣锈病等。兼治炭疽病、轮纹病、褐斑病、干腐病、枣尺蠖、枣瘿蚊、红蜘蛛、大青叶蝉、红缘亚天牛、枣黏虫、枣刺蛾、龟蜡蚧等。6月上旬是盲蝽象和锈壁虱的第二个为害盛期，6月中旬后甲口虫将逐渐加重为害。因此，这阶段的重点是防治虫害预防病害。

2. 控制措施

（1）及时追肥、浇水。冬枣花期是对肥水需求最敏感时期，缺肥、干旱或发生涝害都不利坐果。一般于6月上旬每株追施尿素和磷酸二铵0.3～0.5千克，如果缺雨应适当浇水，但不要大水漫灌。在及时进行花期追肥、浇水的基础上，还要适当进行叶面施肥和喷水，即从盛花初期开始每隔7～10天喷1次翠康花果灵1 500倍或0.3%～0.5%尿素和磷酸二氢钾混合液或0.1%～0.2%活力硼有利于坐果。7月上旬再追施尿素和磷酸二铵每株0.2～0.4千克加上98%磷酸二氢钾0.1千克，有利于保果。

（2）化学调控。于盛花初期喷1次10～15毫升/升赤霉素和0.3%稀土混合液，效果最佳；另外，在盛花初期喷施0.002～0.003毫升/升芸薹素内酯或10毫升/升维生素C加上20毫升/升的2,4-D或30毫升/升的吲哚乙酸等，都能显著提高坐果率。

（3）适当开甲。开甲须三看：一看天，开甲须在晴天进行，最好开甲3日不要遇雨；二看地，高肥水枣园，土壤肥沃、墒情好，当年可适当晚开甲且甲口适当宽一点，反之，则适当早开甲且甲口窄一点；三看树，根据树龄、树势、生育期确定开甲的时期和宽度，幼龄树不宜过早开甲，间作稀植枣园一般在枣树进入盛果初期，树干直径约在10厘米以上时开甲为宜。密植枣园，高肥水管理条件下可适当早开甲，3龄以上旺树，树干直径在5厘米以上时可进行开甲，弱树可缓几年进行。

每年开甲的适宜时期是在盛花初期，即全树上下、内外大部分枣吊已开花5～8朵时，正值花质最好的"头蓬花"盛开之际，这时所座的果实生长期长，个大整齐，成熟一致，品质最佳。初次开甲，主干上的甲口一般距离地面20厘米左右，以后逐年向上移3～5厘米，开甲到树干分枝处，再从下而上重复进行。

开甲时要选平整光华处，先用刀在该处刮掉一圈宽1～2厘米的老树皮，深度以露出活树皮为宜，然后用开甲器具按要求的甲口宽度上下环切两刀，深达木质部，取下切断的韧皮组织，甲口要取干净，不留残皮，不起毛茬。甲口宽度一般为干径的1/10左右，即0.3～0.8厘米，最大不超1厘米，具体要因树而异，对于大树和壮树可稍宽，而对幼树和弱树则窄一些。开甲后要及时进行药剂保护，预防病虫为害。对于不适宜开甲的结果幼树或弱树可采取环割或绞缢，环割或绞缢都能暂时阻碍营养向地下根部运输，促进坐果。环割是在枝、干或枣头下部用刀割韧皮部，深达木质部1～2圈，将形成层割断为准，不伤木质部。绞缢又称勒伤和环缢。用铁丝在干、枝或枣头下部拧紧拉伤韧皮部1圈，20天以后解除。

5年生以下的低龄树开甲一定要留辅养枝。

（4）及时摘心、疏果。在5月摘心基础上于6月上旬对结果枝（枣吊）摘心，能减少养分消耗，有利于坐果。人工疏果可在第一次生理落果高峰过后1～2周（7月中下旬）进行。具体步骤先上后下，先里后外，从大枝到小枝，逐枝进行。先疏病虫果、黄萎果和畸形果；后疏密果、无叶果和小果。对一个枣吊来说，先留中部果。强旺树1吊1果；中庸树2吊1果；弱树3吊1果。

（5）二次涂抹粘虫环。在原胶环附近涂抹新粘虫环或于原胶环处再次涂胶，以增加粘着力。涂胶时支架和拉绳也要涂抹粘虫环。

（6）药剂防治。

①防治虫害：于6月上旬冬枣开甲以前喷2.5%功夫微乳剂1 500倍+1 000～1 500倍10%吡虫啉（大功臣）可湿性粉剂；6月下旬至7月上旬喷1 500倍5%锐劲特，或用4 000倍25%阿克泰，或用3 000～4 000倍1.8%阿维菌素；虫害比较严重时，可适当增加用药次数，但不可随意增加用药量。

②防治病害：6月上旬喷10%世高2 000倍+20%龙克菌600倍；6月中旬喷3%多抗霉素1 000倍+72%农用链霉素3 000倍；6月下旬至7月上旬喷25%阿米西达悬浮剂1 500倍+3%克菌康600倍；或者是6月上旬喷40%福星8 000倍+57%冠菌清600倍；6月中旬喷0.5%氨基

寡糖素600倍+88%水合霉素1 500倍，6月下旬至7月上旬喷25%阿米西达1 500倍+72%农用链霉素3 000倍。

防治时可选取2种作用不同的药剂，如将防治细菌病害与防治真菌病害的药剂进行混用，按各自使用说明最低用量混合喷雾，开甲后的7天左右即坐果的关键时期，应尽量避免使用药剂，以免发生药害，影响坐果。

五、冬枣果实膨大期管理

1. 防治对象

此期主要防治枣锈病、轮纹病、浆胞果病、炭疽病、褐斑病、缩果病、红蜘蛛、桃小食心虫、棉铃虫等。兼治黑斑病、叶枯病、焦叶病、干腐病、锈壁虱、绿盲蝽、枣豹蠹蛾、龟蜡蚧等。

2. 控制措施

（1）促壮树势。甲口超过1个月还不愈合，要促使甲口愈合，甲口过大或有病死组织时，要先切除病死组织，并在甲口涂抹30～50毫升/升赤霉素，然后立即用红泥封口或用塑料胶带封口，用胶带封口时要注意预防甲口霉烂。对于长期不能完全愈合的老甲口，可进行桥接处理，促使愈合。

加强肥水管理，根据土壤墒情决定是否浇水，同时，要进行叶面喷肥，弥补根系供肥不足，可喷施1 000倍的多复佳液体肥或1 000倍的翠康生力液，间隔7～10天连喷2～3次，也可按花期叶面喷肥方法进行，适当提高磷、钾肥含量。

（2）促进幼果生长。加强肥水管理十分重要，在7月上旬追肥基础上，同上述叶面喷肥一起喷施1～2次0.000 4%万帅2号1 800倍液，能显著促进幼果膨大，此期不宜喷施"920"，以免出现畸形果。

（3）药剂防治。

①害虫防治：防治枣锈壁虱、红蜘蛛等刺吸害虫可用1.8%阿维菌素3 000～4 000倍或用15%哒螨灵乳油3 000倍液喷雾；防治盲蝽象、棉铃虫、枣刺蛾、桃小食心虫、蚧壳虫、叶蝉等害虫，可用2.5%功夫水乳剂1 500～2 000倍，或用24%美满悬浮剂1 000倍，或用10%除尽1 500倍，或用15%安打2 000倍喷雾防治。

②病害防治：对轮纹病、炭疽病、黑斑病、褐斑病、煤污病等病害可用氟嘧菌酯5 000倍液、25%阿米西达悬浮剂1 500倍，或用80%好意可湿粉剂（代森锰锌）600～800倍，或用20.67%万兴2 000～3 000倍，或用3%克菌康600～800倍，或用0.5%氨基寡糖素500倍喷雾；氟嘧菌酯具有广谱的杀菌活性，对多种病害都有很好的防效，特别是对锈病。对黑斑病、锈病可用氟嘧菌酯5 000倍液、10%世高水分散粒剂2 000倍，或用20%三唑酮乳油1 000倍，或用40%福星乳油8 000倍喷雾；对缩果病等细菌病害可用20%龙克菌500倍，或用3%克菌康600倍，或用88%水合霉素1 500倍，或用72%农用链霉素3 000倍喷雾。

六、冬枣白熟期管理

1. 防治对象

此期主要防治轮纹病、褐斑病、缩果病、炭疽病、疱斑病、日灼病、裂果病等病害，盲蝽象等虫害。

2. 控制措施

（1）秋施基肥。对于肥力不足或树势较弱以及结果量较大的枣园，要提早到9月上中旬秋施基肥。秋施基肥应以有机肥为主，同时，配合少量的速效肥。

（2）叶面喷肥。午前喷施98%磷酸二氢钾0.3%～0.5%倍液+0.15%天然芸苔素3 000～4 000倍液，连喷1～2次，能有效减轻日灼病为害。

（3）药剂防治。防治病害：使用3%克菌康可湿性粉剂600倍液或氟嘧菌酯5 000倍液、25%阿米西达悬浮剂1 500倍液防治1次。防治害虫可用甲维盐、噻虫嗪、吡虫啉2.5%功夫水乳剂1 500～2 000倍。

七、冬枣果实着色采收期管理

1. 防治对象

此期主要防治枣锈病、炭疽病、轮纹病、褐斑病、缩果病、桃小食心虫等病虫害。

2. 控制措施

（1）清除病虫残体。清扫枣锈病、炭疽病落叶，拣拾桃小食心虫果和落地僵果，集中处理。

（2）药剂防治。采果前用药同果实白熟期，采收前15天必须停止使用药剂。果实采摘后，全园喷洒1遍氟嘧菌酯5 000倍液、800倍80%代森锰锌或800～1 000倍20%三唑酮乳油。

八、冬枣休眠期管理

1. 防治对象

越冬病（虫）源。

2. 控制措施

（1）清洁田园。清除园中枯枝、落叶、落果、树上残留枣吊和僵果；刮树皮、堵树洞、破虫茧、摘蓑囊。

（2）冬剪。重点剪除虫枝、枯死和衰弱枝，刨除病死株。

（3）冬耕冬灌。耕翻树盘，捡拾越冬虫、蛹，于封冻前浇足越冬水。

（4）树干涂白。涂白能有效消灭在树干越冬的病虫害，并具有保护树体减轻冻伤和日烧的作用。涂白剂一般常用的配方：水10份、生石灰3份、石硫合剂原液0.5份、食盐0.5份、油脂（动植物油均可）少许。配制时先将石灰化开，把油脂倒入充分搅拌，再加水拌成石灰乳，最后放入石硫合剂和盐水。

第十一章　中药材绿色高效生产技术

一、桔梗高效优质制种及配套栽培技术

通过适期剪枝处理，降低株高、使花果期相对集中，促进种子发育，提高种子质量；借助优良新品种或种质筛选，利用夏季充足雨水条件培育壮苗，晚秋选优质壮苗移栽，免去春季移栽缓苗期，促进桔梗生长发育，以提高产量，改善品质。

1. 技术要点

（1）品种选择。推荐选用鲁梗1号桔梗新品种：该品种为偏晚熟类型，种子饱满、黑亮，千粒重为0.95克左右。直根型分布比例60%以上，桔梗皂甙含量高于6.0%。耐寒、耐旱、抗旱，丰产性能好。或者选用主产区种植的优良农家种。

（2）选地整地。选用避风向阳、土层深厚、疏松肥沃、排水良好的砂壤土地块。前茬作物以豆科、禾本科为宜，忌连作。每亩施腐熟的农家肥3 000千克、三元复合肥15千克做基肥，深翻30~40厘米，整平耙细，作畦。大田四周开好宽40厘米、深35厘米的排水沟，以便排水。

（3）剪枝制种。制种田于桔梗花蕾期（6月20日至7月5日间），将植株离地25厘米左右上部剪除，并中耕除草。结合浇水进行施肥，沟施硫酸钾复合肥15千克/亩，促进新生根枝发育。待桔

梗果实外皮褐变（9月上中旬）、果实顶端开裂时，剪下、晾晒、脱粒，去除杂质，精选出色泽光亮、籽粒饱满的优质种子备用。

（4）夏育秋植。育苗田选择每亩施优质有机肥肥1 000千克、尿素10千克，深翻30厘米，耙细、整平，作畦，畦宽1.2m，畦间开宽30厘米、深20厘米的排水沟。6月中旬进行播种，每亩用种子2～3千克，掺2～3倍体积细沙拌匀，均匀撒播于苗床，覆盖0.5厘米厚的细沙土，再覆盖麦草，以不露土为宜，浇透水，保持土壤湿润，促进种子发芽。

于10月下旬至11月初，选取主根顺直、光滑、无分叉、芦头完好的苗栽，开沟深15厘米左右，按株行距（5～8）厘米×（15～20）厘米，顺根排好，覆土盖过芦头3厘米左右，种植密度为每45 000～60 000株/亩，移栽后视土壤墒情浇适量定根水。

（5）田间管理。

①中耕除草：一般中耕除草3次，5月苗高6～10厘米时中耕除草1次，中耕要浅，避免伤根。6—8月中耕除草2次，封垄后停止中耕。

②除花促产：除留种田外，应及时摘除花蕾，以减少养分消耗，促进根部生长，提高产量。施肥灌排　初花期结合中耕除草进行追肥，每亩施三元素复合肥15千克左右；雨季要及时排水，避免烂根。

③病虫害防治：采用"预防为主，综合防治"方法，力求少用化学农药，严格掌握用药量、用药时期，最后1次施药距采收间隔天数不得少于20天。

（6）适期收获。移栽来年秋季，植株地上茎叶枯萎时（一般于秋分至霜降后）即可采挖。用刨钗逐行采挖，防止挖断主根。挖出后去除茎叶、芦头和须根，洗净泥土。趁鲜剥去外皮，鲜贮或晒干。

2. 适宜区域

适宜山东或黄淮海桔梗种植区。

3. 注意事项

一是把握好剪枝时间，过早或过晚均不利于种子千粒重增加。二是把握好种子收获时间，随采随收。过早采收种子质量差，过完采收种子大量脱落，损失严重。三是施用的农家肥必须经腐熟处理。四是雨季必须注意及时排水，防止淹涝。

二、牡丹栽培技术

牡丹主要在黄河中下游地区栽培，以根皮入药。生长习性牡丹喜温暖湿润、阳光充足的环境，畏炎热，抗寒抗旱，怕涝，忌连作。

1. 栽培技术选地整地

应选阳光充足、土壤肥沃、排水良好、地下水位较低的沙质壤土地种植，黏土、盐碱地及低洼地均不宜种植，间作豆科植物以大豆等为宜。地选好后，深耕25～30厘米，土层深厚的可耕深60厘米。繁殖方法：牡丹品种较多，由于品种和栽培目的不同，繁殖方法也不相同，分有性（种子）繁殖和无性（分株、嫁接、扦插）繁殖两种。种子繁殖于7月底至8月初进行，当果实呈深黄色时摘下（不能采收过晚），放在室内阴凉潮湿处晾干（晒干的种子不易发芽），使种子在壳内后熟，要经常翻动，以免发热，待大部分果实开裂、种子脱出即可播种或放在湿沙中贮藏。新鲜种子播前用50℃的温水浸泡24小时，使种皮变软脱胶、吸水膨胀易于萌发。处理好的种子于9月中下旬播种，苗床施厩肥5 000千克以上，深耕耙细后，做宽1.2米、高15厘米的畦，畦间距30厘米。将种子用湿草木灰拌后条播或撒播。条播行距6～9厘米，沟深3厘米，间距1.5厘米，播后覆土盖平，稍加镇压，亩播量25～35千克；撒播时先将畦面表土扒去约3厘米厚，再将种子均匀地撒入畦面，然后覆盖厚3厘米左右的湿土，稍加镇压，亩播量约50千克。为保湿防寒盖1厘米厚的草后再加覆盖6厘米厚的土。翌年早春，扒去保墒防寒土，幼苗出土前浇1次水，以后若遇干旱亦需浇水。雨季排除积水，并经常松土除草，松土宜浅，出苗后春季及夏季各追肥1次，每亩追施厩肥1 000千克，并注意防治苗期病虫害。育好的小苗于当年秋季移栽；生长不良的小苗须2年后移栽。移栽地须施足底肥，按行距70厘米起垄、株距30厘米定植。分株繁殖于9月下旬至10月上旬进行，收获牡丹皮时，将刨出的根，大的切下作药，选留部分生长健壮无病虫害的小根，根据其生长情况，从根状茎处劈开，分成数棵，每棵留芽2～3个。在整好的土地上，按株行距各60厘米刨坑，坑深45厘米左右，坑径18～24厘米，栽法同小苗移栽，最后封土成堆，土堆高15厘米左右。栽后不宜立即浇水，待15天后才可浇水。嫁接、扦插繁殖，多用于观赏牡丹品种，药用牡丹多不用此法繁殖。

2.田间管理松土除草

在牡丹生长期要经常松土除草，每年松土除草3～4次，雨后及时锄地。垄种的每次除草后中耕培土1次，直至封垄。定植栽后第二年春季出苗后，选晴天扒开根际周围的土壤，露出根蔸"亮根"，可促进主根生长，抑制须根生长。追肥：牡丹喜肥，除施足底肥外，每年春季雨水和立秋前后各追肥1次，每次每亩施厩肥1 500～3 000千克、饼肥100千克，春季少一些，秋季多一些。将肥料施在垄边，结合培土将肥埋入垄内。灌排水：如天旱应及时浇水，浇水应在夜晚进行，雨季应注意及时排除积水。摘花蕾：每年春季牡丹现蕾后，除留种牡丹外，应及时摘除花蕾，使养分供根系发育，提高产量。摘花蕾宜在晴天上午进行，以利伤口愈合，防止患病。

三、金银花栽培管理要点

金银花是忍冬科忍冬属多年生半常绿藤本植物，又名忍冬。花初开时白色，后逐渐变成金黄色，花期在同一条藤蔓上的不同花龄的花朵黄白相映，由此得名"金银花"，花期5—7月。

金银花抗寒性和耐热性都较强，喜光，也能耐荫蔽，抗旱性极强，对土壤要求不严格，在微酸或偏碱的土壤上均能生长。

1. 中耕、除草与培土

金银花种子苗或无性繁殖苗定植后，要在每年的生长季及时地进行中耕和除草。在冬季寒冷地区栽植时，入冬土壤封冻前应结合松土向根际培土，以防根系受到冻害。

2. 施肥、排灌水

施肥时可采用环状施肥法：即在植株四周开环状沟，施入肥料后覆土填平。另外，可在花前见有花芽分化时，叶面辅助喷施磷酸二氢铵等。有条件的地方，早春或花期若遇干旱应适当灌溉，雨季雨水过多时则应及时排水，以防积水造成落花或幼蕾破裂等现象。

3. 整形修剪

金银花自然更新能力强，分枝较多，整形修剪有利于培育粗壮的主干和主枝，使其枝条成丛直立，通风透光良好，有利于提高产量和增强抗病性。整形是在定植后当植株30厘米左右时，剪去顶梢，解除顶端优势，促使侧芽萌发成枝。在抽生的侧芽中，选取

4～5个粗壮枝作为主枝，其余的剪去。以后将主枝上长出的一级侧枝保留6～7对芽，剪去顶部；再从一级侧枝上长出的二级侧枝中保留6～7对芽，剪去顶部。经过上述逐级整形后，可使金银花植株直立，分枝有层次，通风透光好。

四、薄荷种植技术与栽培管理

1. 概述

薄荷为常用中药材，具有悠久的应用历史，早在三国时代，华佗在其《丹方大全》一书的鼻病方多处提及薄荷入药治病的记述。明·李时珍曰："薄荷人多栽莳……方茎赤色，其叶对生……吴、越、川、湖人多以代茶。苏州所莳者，茎小而气芳，江西稍粗，川蜀者更粗，入药以苏产者为胜。"与今用薄荷品质完全一致。本品具有宣散风热、清头目、透疹的功能。为唇形科植物薄荷*Mentha haplocalyx* Briq. 的地上部分。主产区为浙江、江西、四川、湖南、河北等省，多为栽培。

2. 生长环境

薄荷多栽培于温暖、湿润、向阳、地面平坦、排水良好的沙质土和壤土上。具有喜温暖、湿润的特性。生长初期和中期降雨有利于植株生长，现在蕾开花期有充足阳光能提高产量和油脑含量。

3. 种植技术

（1）土壤。薄荷适应性强，不论沙土或黏土、生荒地或熟荒地都能种植；但以沙质土壤、壤土、腐殖质的泥沙旱地为适宜。

（2）育苗。薄荷采用种根繁殖，一般多选用壤土近水源荫蔽的地方作"保根地"，荒地或过肥的地，均不宜做"保根地"。保根有以下2种方法。

①本地保根：薄荷收割后，随即锄净杂草，追施入粪尿250～500千克或硫酸铵5～7.5千克，对水稀释。然后用丝毛草或其他荫蔽物覆盖，并须勤浇水，保持土壤湿润，直至立秋前窖根时为止。这个方法，需劳力少，适合大面积繁殖。

②换地保根：薄荷收割后，趁阴天犁翻，选择鸡爪形、白嫩、肥大、节短的根茎作种。选时折断约10厘米长一根，扎成20根左右一把，放于洞子黑浅水而又阴凉的地上；或者放于家里木桶或瓦缸内，用清水浸6厘米深，露出3厘米于水面，每天须换1次水。浸4～5天检查1次，如发现露在水面的根茎呈绿色、泡出幼芽时，就可窖根。这个方法费工，不适宜大量栽培。

立秋10余天即可窖根。先将土地犁翻耙平，将土整细，做成270厘米宽的畦，畦与畦间，留34厘米宽的走道，以便进行田间管理。在整地前2～3天，把本地保根的种根挖出来，按换地保根的选根浸根方法，把种根浸好，然后在整好的畦地，每隔26厘米打4～7厘米深的行子（不浇粪水，以免天热烧根），距17～20厘米，顺序斜放3～4根种根，放时青嫩芽向上，然后覆土，使苗芽露出地面1/3，随即覆盖稻草和浇水。以后并须勤浇水，经常保持土壤湿润，以利根芽生长。育苗期间须施稀薄人粪尿或硫酸铵2～3次。每次施入粪尿250～300千克，或用硫酸铵5～7.5千克。

（3）移植。以农历12月至翌年1月为适宜，但清明至夏至亦可进行。移栽时把窖种根挖出，打断约7厘米长，再将整好的地，做成畦，打成23厘米宽的行子，浇施稀薄粪水，并开好排水沟，然后再隔20厘米左右定植三四株，覆土4～7厘米厚。每亩需种根25～30千克。

4. 栽培管理

（1）中耕追肥。薄荷主要采用叶茎，因而必须施足氮肥，促使茎叶繁茂，一般苗7～10厘米时，淋1次稀薄粪水；苗高17厘米时，再追肥1次。每次追肥须结合中耕除草，使土壤疏松，以利薄荷根系伸展。一般每亩施入粪尿400～600千克（每100千克粪尿对水600千克）。在4—5月，如发现生长不好的薄荷，可追施硫酸铵5～7.5千克（每100千克硫酸铵对水100千克），以提高产量。总之，追肥愈早愈好，一般须在4月中旬追肥，如追肥过迟，徒长枝干。同时，雨天不可中耕除草，如踏伤薄荷种根，会使植株大量枯萎而死。

（2）病虫害防治。

①病害：

a. 锈病　为害叶、茎，在连续阴雨、过度干旱或缺肥情况下最易发生。防治方法：加强田间通风，降低株间湿度，发现病株及时拔除烧毁；用300倍液的敌锈钠或1∶1∶120倍波尔多液喷洒，连续2～3次，防止蔓延；也可在播种前用45℃热水浸种10分钟。

b. 白星病　主要为害叶部，从夏至秋发生。防治方法：发现病叶及时摘除。发病初期喷1∶1∶120倍波尔多液，连续2～3次。

c. 黑秆病　为害茎秆，在土壤过湿，田间湿度过大的情况下发病严重。防治方法：苗期发病可加强中耕培土和喷洒70%敌克松1 000倍液，1～2次。

②虫害：

a. 小地老虎　为害幼苗，3—5月咬断苗茎造成缺苗。防治方法：灯光诱杀成虫。用90%敌百虫1 000倍液浇灌。

b. 甜菜夜蛾　为害叶片，7—8月发生，咬食叶片造成叶片孔洞缺刻。防治方法：用90%敌百虫原粉800倍液喷雾。

5. 收获与加工

农历6—7月薄荷顶叶成宝塔形，叶色深绿，基部少部分叶片变黄时，即可收割。收割及时与否，对薄荷产量质量有很大关系。收割过早，茎叶嫩，出货率低，叶面旋卷，茎尖下垂，油分不足，晒干后，不易回润，易引起脱叶损失。收割过迟，脱叶、空茎、油少。因此，必须适时收割。收割要选择晴天上午，用镰刀平兜处采割，挑回后放于石板地或干净的沙子地上，薄薄摊开暴晒，晒到中午翻1次，使之接受阳光均匀，求得颜色一致。这样连续晒几个太阳，然后堆于屋内地板回一下潮，再晒干即成。如遇雨天，可摊开扎成小把挂于通风处，待晴天再晒。在翻晒过程中，注意不使受潮和沤坏。每亩可收干货250～350千克（约鲜品2千克折合干货1千克）。

6. 药材形状

茎呈方柱形，长34～67厘米。表面紫褐色或绿色，全株密被白色柔毛，质轻脆，易折断，断面白色，常中空。叶对生，具短柄，叶片多皱缩或破碎，完整叶片呈长椭圆形或卵圆形，叶端尖，边缘具锯齿，正面暗绿色，背面色略浅，有稀毛。质脆易碎。具强烈薄荷香气，味辛凉。

五、丹参种植技术与栽培管理

1. 概述

丹参为常用中药，应用历史悠久，为祛瘀止痛，活血通经的要药。为历代医家所推崇，药用日广，行销国内外。本品为唇形科植物丹参*Salvia miltiorrhiza* Bunge的根及根茎。本品分布较广，野生、家种兼有，野生分布于河北，山西，山东，天津，湖北，四川，湖南，江苏等省市，家种主要为四川，河北等省地。以四川省中江的"川丹参"比较著名。

2. 生长环境

野丹参多生于路旁、坡地、河边，家种丹参多栽培于土层深厚，质地疏松，排水良好的土壤。丹参喜气候温和，光照充足，空气湿润，土壤肥沃的地域生长。

3. 种植技术

（1）选地整地。须栽培于地势向阳，排水便利的黄色夹沙泥土，土层深厚，以便根部伸长发育。前作物是红薯，挖红薯后最好即将土地犁20～23厘米深，使下层土壤经过风吹日晒，增加肥力，减少虫害。到春天下种前再犁一道，把土壤耙得很细，做成厢子，挖窝下种，每厢栽6～10行，行窝距40～45厘米见方，稀密根据土质肥瘦而定。

（2）栽种。丹参利用根部繁殖，头年收丹参时，把准备翌年作种的根子留在地里不挖，到立春前（2月初）下种时才挖起来，选粗壮的折成5～7厘米的节子，每窝栽1根，须根向下。每亩施猪粪水1 750千克做底肥，如有堆肥，最好在下种前将堆肥筛细，施在窝中。这样可增加土壤有机质，长期供根部吸收，提高产量。施肥后盖土不宜太厚，以免影响发芽。

4. 栽培管理

（1）追肥除草。到4月初苗子出土7厘米时，第一次追肥，每亩施清粪水1 500千克，用竹撬在窝中撬个洞，将粪施下，用土盖好。第二次追肥在6月上旬开花时，每亩施较浓的猪粪水1 500千克。每次追肥前行进1次中耕除草，以后发现地里有草，都应拔去。

（2）病虫害防治。

①病害：高温多雨季节易发根腐病。受害植株根部发黑，地上

部分枯萎。防治方法：病重地区忌连作，选地势干燥，排水良好地块种植；雨季注意排水；发病期用70%多菌灵1 000倍液浇灌。

②虫害：

a. 蚜虫　成若虫吸茎叶汁液，严重者造成茎叶发黄。防治方法：冬季清园，将枯株落叶深埋或烧毁；发病期喷杀螟松1 000～2 000倍液，每7～10天喷施1次，连续数次。

b. 棉铃虫　幼虫为害蕾、花、果，影响种子产量。防治方法：现蕾期开始喷洒茚虫威或甲维盐。

c. 蛴螬　以幼虫为害，咬断苗或吸食根，造成缺苗或根部空洞，为害严重。防治方法：施肥充分腐熟，最好用高温堆肥；灯光诱杀成虫；用5%锌硫磷乳油按种子量的0.1%拌种。

田间发生期用75%锌硫磷乳油700倍液浇灌。

5. 收获与加工

立冬过后才可挖采。丹参根条很脆，入土又深，挖采时容易折断，故应选用挖锄把周围泥土刨松，然后小心挖起。不要用水洗，立即在太阳下约晒去1/3的水分，再用竹撬刮去根上附着的泥土，然后用细篾丝将丹参拴好，挂在当风的地方晾至8成干（太阳晒也可以），用手将分散的丹参捆成一束，堆放一处。约10天后，摊开晒干，并用火烧去根上的须根，用刷子刷净，然后再堆成一个圆圈，外面用席圈好，中间放一瓦钵，内燃硫黄（50千克丹参用硫黄0.5千克）熏炕，经熏炕后不易生虫发霉，便于保管。每亩收干丹参200～300千克。

6. 药材形状

丹参根茎粗短，顶端有时残留茎基。根数条，略弯曲，长10～20厘米，直径0.3～1厘米，有分枝并有须根。表面棕红色或暗棕红色，粗糙，具纵皱纹，老根外皮疏松，多显紫棕色，常呈鳞片状剥落。质轻脆，易折断，折断面皮部色较深，呈紫黑色或砖红色，木部维管束灰黄色或黄白色，呈放射状排列。臭微弱而特殊，味微苦涩。

栽培品种：主根明显，分支少。根条较野生品粗大肥壮。表面红褐色，具纵皱，栓皮不易剥落。质地坚实，折断面略呈角质状。臭微弱，味甘而涩。

川丹参主要采用分根繁殖，质量好；而河北、北京、浙江等省市产区还采用种子育苗繁殖，苗期病虫害较多。

第十二章 食用菌绿色高效生产技术

一、香菇

1. 栽培季节

6月下旬生产原种，8月下旬投料，10月下旬入棚脱袋转色，11月20日左右开始出菇进入出菇期管理，翌年5月上中旬出菇结束。

2. 使用品种

808、惠香一号。

3. 母种生产

5月中上旬扩接试管种。母种培养基采用PDA综合培养基（即PDA+麸皮熬汁+磷酸二氢钾0.2%+硫酸镁0.1%），常规操作。

4. 原种生产

采用原种基础配方：木屑80%+麸皮18%+糖1%+石膏1%，1 000毫升菌种瓶装，棉塞、牛皮纸封口，1.5～1.8高压灭菌2小时。无菌接种，25℃恒温培养。

5. 生产栽培

栽培配方：木屑（苹果、梨等果树或柞木等硬杂木）80%+麸皮18%+糖1%+石膏1%，料水比1/1.12。采用内袋16厘米×65厘米、外袋18厘米×68厘米乙烯袋，每袋装干料1 000克，常压100℃灭菌12小时（灭菌时间长短根据每次灭菌的菌袋数量确定，500袋以内12小时，500~1 000袋18小时，1 000~2 000袋28小时），无菌室打穴3~5点接种，室内"井"字形码袋、8层高，常温（20~26℃）发菌。第20天菌落直径8~10厘米时，解开外袋通气。40天左右菌丝满袋，50天左右菌袋接种面出现隆起时给背面扎孔通气，65~70天菌袋60%~70%出现隆起时入棚脱袋转色。

北方香菇栽培采用大棚套小棚的双棚栽培技术，脱袋后在小棚中排袋转色出菇。出菇期管理重点是协调温度、湿度（空气相对湿度和培养基含水量）、通风和光照之间的关系，北方双棚栽培模式，通风、光照、温度和空气相对湿度4项指标按着常规管理方式，即可比较容易地得到协调解决。管理的重点技术环节是保持培养基含水量相对恒定，具体措施：每采收一潮菇后根据菌袋失重情况，采取泡袋（将菌棒装入外袋，袋内加满水，扎口8~12小时）或注水器注水的办法，将袋重恢复到入棚重量的95%左右。把握好采收时机是保证优质品种生产优质香菇的关键技术环节，通常按出口或客户要求的标准，掌握在菌幕未拉开或刚刚拉开（6~7成开伞）时采收。

通常，一个400平方米左右的香菇大棚，可投料5 000千克，经过8个月左右的生产管理，可采收6潮左右香菇，产量5 500千克，出口级优质菇率45%~65%，产值3.5万元，获利1.5万~2万元。

二、草菇

草菇是一种典型的高温蘑菇，生长速度快，味道鲜美，市场价格好，栽培简单。前几年曾经用稻草、麦秸、棉籽皮等原料栽培草菇，但原料成本高，且产量低（转化率30%），经过近几年的技术研发，利用整玉米芯栽培草菇，转化率可达到50%~80%，技术要点如下。

1. 栽培季节

每年5月中旬到9月底的高温季节是栽培草菇的最佳时期。

2. 栽培设施

保护地栽培。如夏闲的蔬菜大棚、蘑菇大棚，拱棚、小拱棚，闲置平房等都可，以夏季闲置的蔬菜棚、蘑菇棚最好

3. 生产原料与配方

整玉米芯每平方9~10千克、麸皮（玉米芯用量的）2%、鸡粪（玉米芯用量的）6%~8%、磷酸二铵（玉米芯用量的）2%、石灰（玉米芯用量的）40%。

4. 栽培技术

（1）玉米芯处理。用玉米芯种量40%的石灰水浸泡玉米芯7~10天（玉米芯浸透变黄不变黑）。

（2）大棚处理。石灰水浸泡玉米芯期间，按玉米芯重量6%~8%的干鸡粪（经消毒杀菌处理或日光暴晒3天）均匀撒在棚内地面上，用小型旋耕犁均匀耙起6~8厘米土壤；按玉米芯重量2%的磷酸二铵均匀撒在地面，然后大水饮棚，将表层耙起的土壤饮透。

（3）入棚播种。将浸泡好的玉米芯捞出在棚中做成宽100~110厘米，顶点高20~25厘米的拱形料床，料床间距60厘米，料床上按玉米芯重量的2%均匀撒播经阿维菌素处理的麸皮（麸皮重量1%的阿维菌素稀释50倍与麸皮拌匀），然后按每平方米1千克菌种均匀撒播畦面，就畦间取2厘米泥皮覆盖料面，再在泥皮上按每平方米0.2千克均匀撒播剩余菌种。最后覆盖地膜。

（4）出菇管理。播种后前3天注意保持棚内气温32℃左右，料温38~42℃。第4~6天开始出现小白点（草菇原基分化形成），每天掀动地膜通风1~2次。第7~8天原基进一步生长形成豆粒状菇蕾，去掉薄膜，保持棚内温湿度。第10~12天开始大批采收第一潮草菇。采收一潮草菇后，清理土层料面残根、杂菌、鬼伞，用2%石灰水调节覆土湿度，覆膜管理，3天后即可生长下一潮菇。

通常一批草菇采收3~4潮，历时30~35天，每500克玉米芯可产草菇250~400克。

三、双孢菇

1.配方（按100平方米栽培面积计算）

棉柴（粉碎5~8厘米，电厂收购标准即可）或玉米芯2 000千克
鲜牛粪：8立方米（或干牛粪2 000千克）
石膏：80千克。
磷肥：80千克。
水：足量

2.棉柴（或玉米芯）预湿

将棉柴（或玉米芯）铺厚1米左右，用微孔水带或直接用水管喷淋，均匀预湿，至棉柴（或玉米芯）吃透水分为止。

3.建堆发酵

用小型挖掘机将牛粪和预湿后的棉柴（或玉米芯）混合均匀，建成宽2~2.5米、高1.5米的料堆。每5~7天翻堆1次，共计翻堆4次。最后1次翻堆时加入石膏、磷肥，同时，喷施消毒剂和阿维菌素，调整水分含量至63%~65%。

4. 播种

将发酵好的培养料入棚做畦（一边作畦一边用喷雾器均匀向料上喷洒300～400倍阿维菌素，即50克阿维菌素对1喷雾器水；每100平方米用3～4喷雾器），然后做成宽100～110厘米，长不限，厚度25～30厘米，间距50～60厘米的料畦。按每平方米2瓶（袋）菌种的用种量，先将2/3菌种掰碎撒在料面上，用三叉子搂料让菌种落入料内，再将1/3菌种均匀撒在料面，轻轻拍实，覆盖地膜。

5. 管理

播种后，控制好菇棚温度和通风。要求：棚内空气温度20℃左右，培养中心温度22～26℃；棚内通风良好，人在棚内感觉舒适为宜，每天掀动地膜1～2次。经过20天左右，菌丝生长到培养料2/3处时，用畦间土壤或使用专用草炭土覆在料面上，厚度3～4厘米。然后再覆盖地膜。10～15天菌丝发满培养料，并长出覆土表面，去掉地膜，用1%石灰水喷洒覆土，调整土壤湿度饱和但不漏水到培养料为宜。

保持棚内温度13～20℃，经7天左右开始现蕾出菇，现蕾后7天左右采收第一潮菇。采完一潮菇后，清理料面，用新土覆盖裸露菌丝和培养料的地方，用1%石灰水调整覆土湿度。经过10天左右开始下一潮菇的现蕾出菇。

若条件适宜，可采收4潮菇，每平方米产鲜菇12～15千克，即生物效率30%～40%。

四、黑平菇

秋冬春季中低温条件下生长的颜色黑至深褐色的侧耳品种。包括美味侧耳、糙皮侧耳、凤尾菇等，通常称平菇。

1. 黑平菇地能工厂化栽培技术

利用保温菇房、床架作为栽培的设施，采用地能控温通风机组自动控制菇房温度和二氧化碳浓度，周年栽培食用菌。

（1）设施场地选择。加强保温板标准菇房栽培，排水良好即可。

（2）品种选择。选择抗逆性强、商品性好、耐二氧化碳能力强、对温差敏感性差的中低温黑平菇品种。

选用的菌种要符合农业部《食用菌菌种管理办法》之规定。

禁止使用转基因菌种。

（3）栽培料。

①培养料的要求：培养料要求具备优良的营养性、透气性和持水性，这样才能保证发菌快，菌丝生长旺盛，产量高。培养料及添加剂必须符合食用菌对基质的要求标准。

②主料：常用主料有棉皮、玉米芯、废棉、土绒、玉米秸、豆秸等，要求新鲜、无霉变、无杂质、无蛀虫、洁净、干燥、无异味。

③辅料：

a. 常用辅料　主要有麦麸、豆粕、玉米粉、大豆粉、糖类等。要求新鲜、干燥、洁净、无虫、无真菌、无异味。

b. 微量辅料　石灰、磷酸二氢钾等。

（4）培养料配方。

①配方一：棉皮88%、麸皮8%、石灰4%、料水比1∶1.5、pH值9～10。

②配方二：棉皮50%、土绒40%、麸皮7%、磷酸二氢钾0.5%、石灰3%、料水比1∶1.5、pH值9～10。

③配方三：玉米芯94%、豆粕4%、石灰2%、料水比1∶1.8，

pH值自然。

④配方五：玉米芯70%，棉皮或棉杂质30%，豆粕4%、适合3%，料水比1：1.5。

（5）生产管理措施。本技术规程未规定的管理措施按常规措施进行。

培养料的混拌是否均匀，关系到菌丝生长和产量高低，因此，科学混拌，严格操作有利于菌丝生长和提高产量。

①处理：区分培养料物理性质，溶于水的要先溶在水中，如石灰、磷酸二氢钾等，这样有利于混拌均匀。

②加水：将溶解有辅料的水溶液均匀的加入混合均匀的干料中。

③拌料：用拌料机将主辅料和水搅拌均匀，使水和营养物质均匀分散，原料吸水充分。

（6）发酵。

①将拌匀的培养料建堆，堆高、宽各1.5米，长度不限。

②在建成的料堆上，每隔半米插一个直径0.6～0.8厘米的通气孔。

③当料温上升到70℃时翻堆1次，做到里翻外、下翻上，翻堆均匀。

（7）装袋。

①塑料袋规格：地能工厂化栽培黑平菇用聚乙烯或聚丙烯塑料袋，规格为23厘米×45厘米×0.004 5厘米厚，厚薄一致，无砂眼，无破损。

②装袋：料发酵好后要及时装袋，装袋要求松紧适宜，扎口合理，长短一致，重量相同，表洁净。料若装的过松，菌丝生长稀疏，过紧则生长速度放慢，造成同一袋内菌龄差距过大，装完袋后外观塑料袋完整，手感有一定紧度，手握时有一定弹性。

（8）灭菌。

①灭菌：装完袋后及时灭菌，一般用周转筐，每筐装6袋，码成方躲，5层高，每躲164筐，要摆放整齐。装完躲后用双层8丝塑料薄膜盖严，四周用沙袋压死，通入锅炉蒸汽。塑料薄膜鼓起（鼓包）后计时，2小时灭菌结束，自然降温。灭菌区要注意搞好卫生，地面不能有积水和散落物。

②冷却：冷却室要做好卫生清洁消毒工作。首先清扫地面，但不要有扬尘，其次要在地面上洒2%来苏儿液。冷却室的通风口安装60目过滤网防虫。将灭菌结束的灭菌包打开，把周转筐运送到冷却室降温。搬运料袋时要轻拿轻放，防止料袋破损，造成污染。

（9）接种。当袋温降至30℃以下时，在洁净的接种室或培养室内开放式接种，操作如下：先将菌种掰碎，放置在洁净的容器内，然后4人一组，3人解袋扎口，1人给3人放菌种，整个过程要求准、快。

（10）发菌培养。接完种后把菌袋移入发菌室或直接进入出菇房，温度控制在22～25℃进行发菌培养。培养室内光线要求黑暗。培养室使用前要用杀菌、杀虫剂进行灭菌灭虫。接种后5～7天，当菌丝吃料2～3厘米时，塑料袋若没套无棉盖体的需从菌袋袋头刺微孔增加氧气，刺孔后菌丝浓白吃料快，缩短发菌时间。在发菌期间需经常检查菌袋，发现问题及时处理。菌丝长满袋后，再培养3～5天，手感菌袋紧实后，马上移入出菇室，增强光照，拉大温差，适时通风换气，进入出菇管理。

（11）出菇管理。黑平菇适宜出菇10～25℃，菌丝长满袋后，要设定菇房温度在适宜的范围内，并尽量拉大温差在10℃以上，加强通风，经3～5天菌丝后熟期即可出菇。

①原基分化阶段：把环境温度调整为10～25℃，同时，增加环境湿度为85%～95%，适当加大通风量，增加散射光线。连续5～7

天，即可长出大量原基。

②子实体生长阶段：当菇蕾长到2厘米时对环境的适应性增强，这时气温控制在25℃以下，温差设定在不小于10℃，空气湿度可在85%~95%任意调整，二氧化碳浓度设不高于800单位，在此范围内温度越低、温差、湿度差波动越大，二氧化碳浓度越小，子实体长的越健壮。这样人为制造的交替温、湿差，创造仿自然生态环境，可大大提高单朵重量和商品价值。在出菇管理过程中，如发现菌袋感染、死菇、黄菇等情况。要及时将感染菌袋和病菇清理出菇房，要随时清理菇房卫生。在转潮管理中要把菌袋上残留的死菇，菇根等清理干净，以防感染细菌和害虫滋生。

（12）采收。根据市场需求及时采收，出菇期间要求每天采收1次。

当菇盖在5~8厘米，边缘内卷，成熟度80%时，及时采收。采好的成品菇，立即装框鲜销或马上放入冷库打冷，然后再分级、包装、出售。采完一潮菇后，要及时清理菇跟，转入养菌阶段，促使早转潮、多产菇，提高总产量。采完2~3潮菇后，菌袋会脱水，应及时用补水针补水。一般可采6潮以上，总生物学效率在100%~120%。

地能工厂化半熟料栽培与熟料、生料对比，见下表。

表　地能工厂化半熟料栽培与熟料、生料对比表

	半熟料 （2小时灭菌）	熟料	生料
工艺	常规拌料，发酵2天，装袋后蒸汽灭菌100℃2小时。开放接种	常规拌料，装袋后蒸汽灭菌100℃12小时，无菌环境接种	常规拌料，开放接种

		半熟料（2小时灭菌）	熟料	生料
配方		棉皮45%、土绒45%、麸皮8%、石灰2%、料水比1∶1.5，pH值自然	棉皮45%、土绒45%、麸皮8%、石灰2%、料水比1∶1.5，pH值自然	棉皮45%、土绒45%、麸皮8%、石灰2%、料水比1∶1.5，pH值自然
5 000千克干料成本（元）	原料	15 515	15 515	15 515
	包装物	440	600	250
	用工	200+320+100+320	200+720+200+720	200+560
	用煤	180	450	0
	消毒剂	0	120	120
	合计	17 055	18 525	16 525
成品率		100%	95%	96%
产量		12 000	11 400	11 000
产值		42 000	39 900	38 500
效益		24 945	21 375	21 975

注：按5 000千克投料，主料棉籽壳、土绒各45%，辅料为麸皮8%，石灰2%

棉籽壳每500克1.5元，土绒每500克0.32元，麸皮每500克0.80元，石灰每500克0.30元。

塑料袋每500克7.5元，用工每天60元，煤每吨700元。接种用烟雾消毒剂每袋1.5元。

2. 纯玉米芯栽培黑平菇简易技术

（1）配方。

①玉米芯（粉碎细度绿豆粒大小）1 000千克。

②豆粕粉30～50千克

③石灰20～40千克（气温越高石灰用量越大）。

④磷酸二铵6～8千克。

⑤防虫灵200毫升、消毒剂1 000克。

（2）拌料。

①石灰粉、豆粕粉与玉米芯干料混合均匀。

②磷酸二铵、消毒剂和防虫灵分别溶于水。

③将磷酸二铵、消毒剂水和防虫灵水倒入混合干料中。

④搅拌均匀。

（3）建堆发酵。

①将搅拌均匀的培养料，建成高60～80厘米、宽2～2.5米，长度不限的料堆。每隔30厘米用铁锨把插一气孔。

②用编织袋或五纺布覆盖保湿。

③温度升高到50℃以上时，翻堆，每天1次，翻堆4次，发酵5～6天。

（4）装袋接种。

①将发酵好的培养料摊开、晾凉。

②当料温降到30℃以下后装袋，用种量15%～20%。装袋采用人工计件法，也可用生料装袋机装袋，装袋后两头用壁纸刀刺破2个直径2厘米的透气出菇孔。

（5）菌丝培养，出菇管理、采收。

见《高温平菇栽培技术要点》。

（6）成本效益分析（原料、物资、用工、市场销售等均按2017年下半年价格计算）。

①生产成本：

玉米芯1 000千克，每千克0.5元，计500元。

豆粕40千克，每千克3.5元，140元。

石灰40千克，每500克0.6元，24元。

磷酸二铵14千克，防虫灵200毫升，消毒剂1 000克，计64元。

菌种180千克，360元。

袋子660个，每个0.08元，52元。

装袋费每个0.3元，200元。

零工140元

合计：1 980元（平均每个菌袋3元，即每500克干料成本0.8元）。

②产量产值：1 000千克干料产出商品鲜平菇900千克，每千克鲜菇平均批发价格7元，产值6 300元。

③生产效益：6 300-1 980=4 320（元），即每千克投料毛利润4.32元。

五、虫草

1. 液体菌种生产

（1）培养基配制。液体培养基配方为：马铃薯200克、蛋白胨8克、硫酸镁4克、磷酸二氢钾6克、葡萄糖4克、维生素B$_1$、维生素B$_2$各1片，水1 000毫升，熬制20分钟过滤后补足1 000毫升。每个250毫升盐水瓶放入液体培养基60毫升。

（2）灭菌。配制好的培养基必须立即灭菌，采用高压121℃灭菌40分钟或常压100℃灭菌12小时。

（3）接种。在无菌环境中，将固体斜面母种分割成绿豆粒大小，接入灭菌后液体温度冷却到25℃以下的液体培养基中，一支母管接3瓶液体菌种。

（4）培养。培养室温度22℃，先静止24小时，然后开始震荡发菌（或采用摇床、振荡器等），每隔30分钟摇瓶30分钟。培养7

天，菌丝球均匀长满液体，即获得液体菌种。

2. 固体培养基生产

（1）营养液配制。将白糖500克、硫酸镁、磷酸二氢钾各20克、维生素B_1、维生素B_2各100片，用温水溶解，然后配制成50千克营养液。

（2）装瓶。每个500毫升罐头瓶，装入干大米35克，然后加入45克营养液。用PP膜封口，皮筋扎紧。

（3）灭菌。常压100℃保持10小时，中途严格检查，不得停火、降温、缺水，确保灭菌彻底。

（4）冷却。灭菌完毕趁热卸入培养室自然冷却。

（5）接种。

①母液稀释：在无菌条件下，将液体菌种（母液）按1:10的比例稀释到预先准备好的无菌水中，形成液体菌种稀释液。

②接种：用专用接种枪开放式接入灭菌并冷却的培养瓶中（全密闭开放式液体菌种接种技术）。每500毫升稀释液体菌种接种200个培养瓶。

（6）发菌期管理。接种完毕的虫草培养瓶放置专用培养架，20℃培养，5天菌丝发满培养料，8天培养基转色，13天开始形成虫草原基，此时用缝衣针在封盖上刺3~5个微孔，培养室湿度增加到90%左右；晚上用日光灯给光。如此培养30~40天，虫草生长到瓶口即可采收。

（7）采收。虫草满瓶后及时采收。采收时，首先去掉瓶盖，用钩子将虫草连同培养基一同挖出，然后采下虫草，去掉培养基，烘干包装。或鲜草销售，或直接将虫草连同培养基一起包装销售。

六、平菇

1. 栽培工艺流程

配料—拌料—发酵—装袋—灭菌—冷却—接种—发菌管理—出菇管理—采收。

2. 推荐配方

玉米芯（粉碎成绿豆粒大小）92，豆粕4、石灰4、外加1‰消毒剂和杀虫剂，料水比1：2。

3. 拌料发酵

石灰、豆粕与玉米芯干料混合搅拌均匀，消毒剂、杀虫剂与水混合后倒入干料中，搅拌均匀，堆积成高0.8米、宽2米左右的料堆发酵，从第三天（料温达到55℃以上）开始，每天翻堆1次，发酵5～7天。

4. 装袋

装袋前，将培养料摊开晾凉至35℃左右，用折径23厘米，长50厘米的乙烯袋，每袋装干料1.3千克，湿重2.8千克左右。菌袋要装实，两头扎口。

5. 灭菌

装料后的菌袋装筐或直接码放成垛，用厚塑料薄膜覆盖，通入100℃蒸汽，密闭升温，100℃后（塑料薄膜膨胀成球）保持2小时，停火闷5小时后卸锅。

6. 冷却

将灭菌后菌袋卸入接种室，自然冷却。

7. 接种

菌袋温度降至30℃以下后，在接种室或出菇棚内接种。

8. 菌丝培养

保持发菌室（棚）内干燥清洁，温度25℃左右，空气相对湿度60%～70%，20～25天菌丝即可发满菌袋。

9. 出菇管理

（1）菌袋摆放。发满菌丝的菌袋进入出菇棚（房）后，菌袋摆放成高4～6层（视棚温而定，温度越高层数越少），长不限，行距60厘米。

（2）开口。用刀片在每个菌袋两头各割2个长1～1.5厘米出菇口。

（3）温度。菇房（棚）气温保持在25℃左右，越低越好。

（4）湿度。菇房（棚）空气相对湿度90%左右。

（5）通风。平菇对氧气需求大，必须确保出菇环境氧气充足，空气新鲜，子实体形成后，透风更要尽可能好。

（6）光照。白天菇房（棚）光线以至少能看清报纸字迹为标准。

10. 采收

当平菇子实体长到7成开伞时及时，采收上市。

七、鸡腿菇

鸡腿菇俗称刺蘑菇，学名毛头鬼伞，是一种草腐土生菌，菌丝成熟后接触土壤才能形成子实体。子实体成群单生或丛生，单个鸡腿菇状如保龄球，白色圆柱形，表面有鳞片，开伞后边缘菌褶变黑自容，成墨汁状液体。

1. 栽培技术要点

（1）栽培季节。秋春两季栽培。

（2）配方。以玉米芯为主要原料配方为：玉米芯95%，豆粕3%，石灰2%，料水比1∶2。

（3）栽培方式。发酵料栽培法、半熟料栽培法和畦栽法。

发酵料栽培是按着上述配方拌料，培养料发酵7天后直接装袋接种发菌，菌丝满袋后脱袋覆土。

半熟料栽培是将发酵5～7天的培养料装袋后，常压灭菌，温度达到100℃后保持2小时，冷却接种，菌丝满袋后覆土出菇，也称为2小时灭菌法（此法适宜高温季节生产菌袋）。

畦栽法是把发酵好的培养料直接铺到阳畦中栽培的方法。具体做法是先做畦，宽1～1.2米，深20～30厘米，将发酵好的培养料铺于畦中，厚15～20厘米，分3层播种，用种量15%，整平料面并压实，腹膜或报纸发菌，控制料温22～26℃，气温16～22℃，10～15天菌丝吃料2/3时，覆土管理。

（4）覆土出菇。菌丝满袋后，脱袋排畦（畦栽的直接覆土），然后覆3～5厘米厚的肥沃土壤，用地膜覆盖保持水分，温度控制在22～26℃，避免阳光直射，十几天后菌丝布满床面，喷撒冷水，湿度提高到85%～95%，气温调至16～22℃，每天揭膜增氧，刺激菌丝扭结成蕾。

（5）适时采收。鸡腿菇现蕾后3～5天即可成熟，成熟后很快变黑自容，失去商品价值，因此，应在菌盖尚未松动时抓紧采收销售。

2. 注意事项

（1）覆土材料的处理。土质要疏松肥沃，并加入0.1%尿素、

0.3%磷肥、0.15%杀菌剂、1%～2%生石灰、500倍菊酯类杀虫剂和阿维菌素，土壤湿度20%（即手握成团、触之能散），拌好后闷2～3天，3天后使用。

（2）覆土温度。覆土时料温必须在25℃以下，气温在28℃以下，若料温太高，易烧菌，气温太高易形成鸡爪菌。

鸡爪菌的成因：在气温高，土壤中霉菌多时，鸡腿菇菌丝长到土壤中，受到霉菌菌丝的侵扰，两者结合，引起变态扭结，而形成鸡爪菌。

参考文献

高霞，崔慧，高中强，等. 2019. 山东省食用菌产业科学布局与规划发展对策研究[J]. 中国食用菌，38（3）：87-92。

国淑梅，牛贞福. 2016. 食用菌高效栽培[M]. 北京：机械工业出版社。

王志远，管恩桦，王艳莹. 2015. 现代园艺生产技术[M]. 北京：中国农业科学技术出版社。

姚静，朱连先，杨宝戈，等. 徐长卿优质高产栽培技术规程[S]. DB3713/T 133—2018，临沂：临沂市质量技术监督局。

赵成宇，姚静，齐敬冰. 2015. 现代农作物生产技术[M]. 北京：中国农业科学技术出版社。

朱连先，姚静，杨宝戈，等. 2018. 丹参优质高产栽培技术规程[S]. DB3713/T 131—2018，临沂：临沂市质量技术监督局。